珠江流域水利工程群 综合利用调度

珠江水利科学研究院　马志鹏　万东辉　著

中国水利水电出版社
www.waterpub.com.cn
·北京·

内 容 提 要

本书以珠江流域水利工程群（干流梯级骨干水库群以及河网区闸泵群）为研究对象，结合水利工程群空间分布特点以及区域水资源防洪、发电、抑咸、生态、航运等多目标调度需求，自干流中上游而下至河网区，研究制定上游骨干水库群与珠三角河网闸泵群的调度方案，在保障流域防洪安全和咸潮上溯期间重点城市的供水安全的前提下，实现流域水资源的高效综合利用。

本书可供水文水资源、水利水电工程专业及相关行业的科研与管理人员参考使用。

图书在版编目（ＣＩＰ）数据

珠江流域水利工程群综合利用调度 / 马志鹏，万东辉著. -- 北京：中国水利水电出版社，2016.12
ISBN 978-7-5170-5091-9

Ⅰ．①珠… Ⅱ．①马… ②万… Ⅲ．①珠江流域—水利工程—水利资源综合利用 Ⅳ．①TV213.9

中国版本图书馆CIP数据核字(2016)第323492号

书　　　名	珠江流域水利工程群综合利用调度 ZHU JIANG LIUYU SHUILI GONGCHENGQUN ZONGHE LIYONG DIAODU
作　　　者	珠江水利科学研究院　马志鹏　万东辉　著
出 版 发 行	中国水利水电出版社 （北京市海淀区玉渊潭南路1号D座　100038） 网址：www.waterpub.com.cn E-mail：sales@waterpub.com.cn 电话：（010）68367658（营销中心）
经　　　售	北京科水图书销售中心（零售） 电话：（010）88383994、63202643、68545874 全国各地新华书店和相关出版物销售网点
排　　　版	中国水利水电出版社微机排版中心
印　　　刷	北京博图彩色印刷有限公司
规　　　格	184mm×260mm　16开本　10印张　213千字
版　　　次	2016年12月第1版　2016年12月第1次印刷
印　　　数	0001—1500册
定　　　价	**78.00元**

前　言

　　当今世界面临的人口、资源和环境三大课题中，水已成为最为关键的问题之一。水资源是经济发展和社会进步的保障之一。我国是水问题多、水灾频发且影响范围较广的国家之一。从人口、资源、环境与社会经济协调发展的战略高度出发，利用已建的水利工程群，采取综合措施，对流域、区域水资源进行统一的调度管理，对我国经济和社会发展以及解决短期内的资源短缺问题具有重要意义。

　　珠江是我国的七大江河之一，由西江、北江、东江和珠江三角洲诸河组成，流域涉及云南、贵州、广西、广东、湖南、江西 6 省（自治区）和香港、澳门特别行政区以及越南东北部，总面积 45.37 万 km^2，其中我国境内 44.21 万 km^2。珠江流域的主流为西江，西江也是我国第三大河流，水资源量丰富，其水资源调度的主要任务包括防洪、发电、供水、抑咸、航运、灌溉、生态等多目标综合利用。但是由于时空分布不均匀（汛期多年平均径流量约占年径流量的 70%，枯期约占年径流量的 30%）、流域工程体系还不够完善等因素，流域面临着汛期防洪形势严峻、枯期水量调度紧缺的不利局面；同时，由于现行的枢纽调度运行管理忽略了整个梯级枢纽的统筹协调，尚未实现流域梯级防洪、供水、抑咸、生态等多目标综合社会效益的充分发挥；而且，珠江三角洲河网区水系复杂，径流潮汐动力作用交互，人类活动强度大，各片区水闸泵站群调度各自为政，使得联围内水流、污染物运动过程复杂多变，内河涌水环境改善效果、水资源利用效率不高，并缺乏闸泵群与上游水库群联合调度技术作指导，导致淡水资源未能得到充分利用。

　　本书主要是在我们过去工作成果的基础上，重新加以整编而成。全书的主要内容有：在流域基本情况介绍的基础上，结合近年来的水文情势变化以及经济社会发展对流域调度提出的新要求，分析流域的综合利用调度需求，分别开展了流域干流的防洪调度、水库群的综合调度以及感潮河网区的闸泵群联合调度。

　　本书由珠江水利科学研究院马志鹏、万东辉编纂完成，张康、王淼等参与完成部分章节的编写工作，全书由熊静校核。本书的出版得到了国家重点研发计划（2017YFC0405905）的支持，编写过程中参阅了相关文献和研究成果，在此谨向有关作者和专家表示衷心的感谢！由于流域调度研究本身的复杂性，加之时间仓促和受水平所限，书中难免有不妥及错误之处，敬请读者批评指正。相关建议可发电子邮件 zhipengma@163.com 编者收。

作者

2016 年 11 月

目 录

第 **1** 章

绪 论

▶▶▶ 1.1 研究背景

随着社会经济的发展，水利工程在防洪兴利中的地位和作用越来越突出。对于综合利用工程来说，调度的根本目的就是要按照既定的水利任务，在确保工程安全的前提下，统筹防洪、灌溉、发电、航运、供水及环境等各部门对水量、库水位、水质的要求，协调矛盾，合理分配，尽可能地利用水文气象预报，充分利用库容和各种设备的能力，正确合理地安排蓄水、泄水和用水，尽量减少无益弃水和水头损失，在防洪和兴利方面发挥最大的综合效益。随着水库调度决策所考虑的因素不断增多，传统的常规调度已经不能满足人们的要求，水利工程的调度已经进入了优化调度阶段。优化调度是指在已知系统结构类型（水电站及其水库、水闸、泵站等水利工程）的功能、任务、参数、特性等原始数据和各种信息的约束条件下，为满足国民经济各有关部门和社会的要求，按运行调度基本原则，利用一定的优化理论方法和技术，制定和实现对水资源的优化利用和控制，即寻求系统的最优运行调度方式、最优策略、最优决策。

西江是珠江流域的主干流，水资源量丰富，其水资源调度的主要任务包括防洪、发电、供水、抑咸、航运、灌溉、生态等多目标综合利用。但是由于时空分布不均匀、水利工程体系还不够完善等因素，流域面临着汛期防洪形势严峻、枯期水量调度紧缺的不利局面；同时，由于现行的枢纽调度运行管理忽略了整个梯级枢纽的统筹协调，尚未实现流域梯级的统一调度；而且，珠江三角洲河网密布、水闸和泵站众多，水动力条件复杂，受排污和咸潮影响，珠江三角洲局部地区供水安全和水环境问题突出。

因此，以流域调度管理中发现的问题为出发点，围绕防洪调度、汛期蓄水、枯水期水量统一调度、河网闸泵群联合调度关键科学技术问题，以流域综合利用效益最大为目标，利用优化理论技术，开展珠江流域水库工程群的综合调度研究，对于提高流域水利工程控制运用水平，具有重要理论意义和实际应用价值。

▶▶▶ 1.2 相关研究进展

利用已建水库、闸泵等水利工程对河道水流在时间、空间上按照某种目的进行流域或区域的水量、水质重新分配或调节，称为水资源调度，又称水利调度。根据调度所要解决的主要问题和实现的主要目标的不同，水资源调度类型一般分为防洪调度、供水调度、环境调度等。这几种调度在我国不同地方均进行了调度方法的研究，同时开展了一些调度实践。

调度按模型算法可分为常规调度和优化调度两类。常规调度简单直观，但调度结果不一定最优。优化调度是近50多年来发展较快的水库调度方法，尤其是对水电站水库，不需要增加额外的投资就可取得相当大的效益，是挖掘水电站水库潜力的有效手段。实行水库优化调度应解决两个问题：一是如何建立优化调度数学模型；二是如何选择求解这种数学模型的最优化方法。前者包括确定目标函数和相应的约束条件；后者最优化方法主要有线性规划、非线性规划、整数规划、动态规划、网络技术和大系统分解协调等。由此可见，水库优化调度涉及的数学基础较广，包括概率统计、运筹学、大系统分析、多目标理论、网络理论、人工神经网络以及模糊数学等诸多领域。

国内外关于优化调度的研究成果很多，尤以水库优化调度的研究最多。归纳起来，按研究对象分为单库（闸、泵）调度、具有水力联系的水库（闸、泵）群调度、具有电力联系的电力系统水库群调度；按目标函数分，可分为单目标和多目标两类；根据对径流描述的不同，又可分为确定型、随机型及隐随机型方法；从时间上划分，可分为中长期（年、月、旬）调度、短期（周、日、时）调度。

1.2.1 水库防洪调度

防洪的目的是设法防治、消除或减缓洪灾损失，保护人民生命财产，促进工农业生产发展，取得生态环境和社会经济的良性循环。防洪系统通常由工程措施和非工程措施组成，这两类措施合理配置、相互协调，就构成了近代完整的防洪系统。工程措施包括一切防洪的工程建筑，它们可以单独承担或与其他工程配合共同承担防洪任务；非工程措施是指通过有计划地开发和管理，从法律和行政两方面对洪泛区进行控制，改变对洪灾的敏感程度，减少洪灾损失。

1. 国外研究状况

防洪调度研究，国外始于20世纪初，初期的防洪调度主要是半经验、半理论的方法，即通过防洪控制图来进行操作，并综合考虑前期的水文气象因素对预留库容的影响。随着科技的进步，在 20 世纪 50 年代末，将优化理论引入到防洪调度中，随着遥感、遥测、电算技术在水库调度领域的应用，极大地推动了水库的运行管理工作。在 20 世纪七八十年代，由于系统理论的发展，水库调度的研究成果也极为丰富，特别是库群联合防洪调度。水库群系统防洪联合调度，就是对流域内一组相互间具有水文、水力、水利联系的水库及相关工程措施（如堤防、滞洪区、分蓄洪区等）进行统一的调度，使整个流域的洪灾损失达到最小。到了 90 年代后期，国外开始注重于工程措施和非工程措施相结合的防洪系统研究。

水库防洪调度分为常规方法和系统分析方法。常规方法以调度准则为依据，利用径流调节理论和水能计算方法，并借助于水库的抗洪能力图、防洪调度图等经验性图表实施防洪调度操作，是一种半经验半理论的水库调度方法。该方法考虑了前期一些水文气象因子对预留防洪库容的影响，并对预泄、错峰和补偿调度等具有一定的指导价值，是目前普遍采用的一种水库防洪调度方法。常规方法简单直观，便于操作，但存在着经验性且不能考虑预报，调度结果也不一定是最优的，所以一般只适用于中小型水库群的防洪联合调度。

随着系统工程的迅速发展与广泛应用，系统分析方法被引入到水库群防洪联合调度研究中来。该方法是以建立水库群防洪联合调度系统的目标函数，确定其满足的约束条件，并用最优化方法求解，从而使目标函数取得极值的水库控制运用方法。经常采用的有模拟模型法、优化法等。

国外在模拟方法上研究较多[1-3]，国外最早的模拟模型始于 20 世纪 50 年代初，美国陆军工程师兵团用计算机模拟了密西西比河支流上 6 座水库的联合调度。美国垦务局在 20 世纪 70 年代研制的科罗拉多模拟系统（colordo river simulation system）模拟了该流域内大型水库的供水、防洪、发电调度，还考虑了盐的浓缩问题。之后，该模型不断更新换代。1973 年，南非的 Windsor 最早提出了以线性规划方法解决水库群防洪调度问题，他将洪峰-损失费用函数之间的非线性关系进行线性处理，但该模型没有考虑预泄、分级调洪等调度原则和预报误差、洪水传播历时及变形等影响因素[4]，之后，Windsor 做了部分改进[5]。1976 年，Schultz 对某并联水库群建立了一个动态规划模型，以下游削峰最大为目标，不需要洪水资料，但只适用于各支流洪水同时发生的情况[6]。1983 年，美国学者 S. A. Wasimi 将时间离散的线性二次高斯控制模型（LQG）应用于 Des Moines River Basin 库群防洪控制的日调度，寻求水库系统的运行策略，由于该模型在洪水预报和水库调度等方面都进行了较多的简化，适用于中等洪水，对大洪水应用效果不太理想[7]。1989 年，Simonovic、Savic 研制了水库管理调度智能决策支持系统，该系统包含了 11 个分析模块，使用了线性规划、动态规划、非线性规划和模拟方法[8]。1990 年，Oleay I Unver 和 Lanyw Mays 基于非线性规划理论和洪水验算理论，提出了一种实时调度优化模型及其算法，该模型较好地解决了调洪验算的精确性与水库群调度的维数灾问题[9]。1992 年，为了解决维数灾问题，Valdes、

Strzepek 提出了由随机动态规划方法和线性规划组成的多库系统时空聚集-解集方法[10]；同年 Mohan、Raipure 对印度包含 5 个水库的流域建立了一个线性多目标模型，以约束法求优化泄水方案[11]。1994 年，Vasiliadis、Karamouz 对所谓驱动随机动态规划方法和贝叶斯决策理论进行了探讨[12]。2000 年，Needham 等将混合整数规划方法应用于 Lowa and Des Moins River 的防洪调度时，指出作随机评价时可能会耗费过多的计算时间[13]，由于该方法计算效率低，因此很难在隐随机优化中应用。2002 年，Shim 等将 DPSA 应用于朝鲜汉江流域的实时洪水控制调度[14]。Beckor 运用约束法研究了一个多目标水库群的优化决策问题[15]。Raman 和 Chandramouli（1996）利用人工神经网络（ANN）求解初始库容、入流和需水量已知的水库优化泄流原则，比较了动态规划、随机动态规划、标准调度策略等方法，结论是动态规划方法较优，在 DP 中结合 ANN 性能最好[16]。

此外，自从 20 世纪 70 年代决策支持系统（DSS）产生以来，国外开发了许多用于水情数据处理与洪水预报、水资源规划和管理、水环境管理和控制、防洪调度、水电站水库运行调度以及水利工程管理等方面的决策支持系统。1995 年，Ford 和 Killen 针对 Teinity River Basin 提出了洪水调度决策支持系统[17]；Ahmad 设计的洪水管理智能决策支持系统，采用神经网络进行洪水预测，利用专家系统选择最佳洪水减灾方案，还可以建立洪水控制模型并进行经济评价[18]。随着 GIS 等空间数据技术的发展，2002 年，Kyu-Cheoul shim 等提出了流域综合实时多目标多库群系统的空间决策支持系统（SDSS），并应用于韩国的汉江流域模拟 1995 年洪水，结果表明 SDSS 产生的综合洪水调度策略，在保证洪水季节后有足够用水量的同时，大大减轻了下游的洪水影响[19]。

2. 国内研究状况

我国地处季风气候区，雨水的时空分布不均匀，特殊的地理条件和气候区导致了我国洪涝灾害十分频繁。因此，如何合理利用现有的水利工程进行防洪调度，减少洪涝灾害损失，从而最大限度地利用水利工程的防洪能力具有重要的意义。

在单库防洪调度方面，1983 年，鲁子林等应用增量动态规划，并结合短期洪水预报模型，实施了富春江水电站的优化调度，获得了平均每年增发电能 2470 万 kW·h 的效益[20]；1986 年，王厥谋等对汉江中下游洪水进行最优控制，建立了丹江口水库防洪优化调度模型，目标函数为各种控制目标的罚函数之和，最优策略的求解方法采用线性规划法[21]。

模拟方法是通过模拟系统实际情况建立一个模型，作为实际物理系统的缩体来预测一定条件下（入流、调度规则等）该系统的响应（调蓄水位、下泄流量等）。从 20 世纪 80 年代开始，袁宏源、马文正等人利用模拟技术建立了一些调度模型，以短时段为计算时段，并以长系列的历时资料进行模拟计算，大大提高了计算精度。1997 年，谢柳青等对某水库群系统的调度提出了逐级优化模拟复合法，计算结果与动态规划法的结果十分接近[22]。

优化方法则是通过一组决策变量的值使得目标函数在约束条件下达到最优值。1990 年，许自达用线性规划方法求解了并联水库群联合调度[23]；同年，李文家等根据下游超过防洪标准洪水最小准则，建立了三门峡—陆浑—故县三水库联合防御下游洪水的动态规划模型[24]。1991 年，吴保生等提出了并联防洪系统优化调度的多阶段算法，以时间向后截取的防洪控制点峰值最小为目标函数，成功解决了河道水流状况的滞后影响[25]。1995 年，都金康等构造了并联水库的线性规划模型[26]。1996 年，邵东国等建立了有模糊约束条件的防洪优化调度模型，提出了含罚函数的离散偏微分动态规划[27]。1997 年，傅湘等针对大型洪水组成的复杂防洪系统建立了多维动态规划模型，消除了后效性的影响，并用 POA 算法进行连续求解与决策，获得了泄洪的最优策略[28]。1998 年，王栋等按照水库防洪安全度最大原则，建立了潍河流域混联水库线性规划模型，并采用改进的仿射变换法进行求解[29]；同年，马勇等针对混联水库群和多分蓄洪区组成的复杂防洪系统，研究和建立了一个防洪系统联合运行的大规模线性规划模型，提出了判断扒口分洪临界点及其相应的分阶段求解的处理方法[30]。1999 年，梅亚东提出了梯级水库防洪优化调度的动态规划模型，采用马斯京根方法推算梯级水库间的洪水演进，用一种简化多维动态规划的递推解法进行求解[31]。2000 年，徐慧等以最大削峰为准则，建立了淮河流域 9 座大型水库动态规划模型，并以实际洪水加以验证，取得了良好的效果[32]；同年，于翠松考虑水库群防洪权重随净雨量变化而每时段变化的特点，建立了小清河流域水库群防洪联合的线性规划模型[33]。2002 年，王金文等采用逐次迭代逼近的方法，每次仅对一个水库采用 SDP 求解，并假设其他水库的蓄水过程已确定为多年平均蓄水过程，最后以福建省闽江流域水电系统为例进行了实例应用[34]。2006 年，袁鹏等人集粒子群智能优化算法和其改进算法惯性权重，证明了粒子群优化算法在水库洪水调度上可以有较好的应用[35]。

20 世纪 70 年代，大系统理论得到迅速发展；80 年代，董增川研究了大系统分解原理在水库群优化调度中的应用问题[36]。1991 年，封玉恒以最小洪灾损失为准则确定水库群优化调度目标函数，用分解协调方法对模型进行求解[37]；2000 年，杨侃等将大系统分解协调原理和网络分析方法相结合，提出了长江防洪系统网络分析分解协调优化调度方法，并进行了仿真验算[38]。

防洪调度往往需综合考虑多个因素，多目标方法分析的度量单位多不可公度，有些目标之间还相互矛盾和竞争，在考虑决策者的偏好要求得出一组非劣解。1992 年，陈守煜等对黄河防洪调度方案应用了多目标、多层次理论和模糊分析方法进行研究[39]。1994 年，黄志中等提出了水库防洪系统多目标决策模型，以水库、大坝安全、水库防洪区淹没损失最小为目标，以多个防洪效果指标为评判依据，寻求最优协调解，有效地降低了防洪系统的风险[40]；同年，王本德、周惠成、程春田结合丰满—白山梯级水库群的洪水联合调度，以调度方案为决策，以水库泄流为状态，应用模糊优选技术选择洪水调度方案[41]。1995 年，王本德等对淮河流域 5 座水库建立了多阶段多目标水库群防洪调度模型[42]。

其他方法应用于防洪调度的研究还有：1995 年，姜万勤提出了预报中小型区域洪水的一种快速图解方法，介绍了如何绘制不同防洪条件下并联式库群抗洪能力查算图[43]；后来还提出了基于某些假定条件下中小型库群防洪调度的改进图解法[44]。2001 年，罗强等建立了水库群系统的非线性网络流规划法，并提出了逐次线性化与逆境法相结合的求解方法[45]，其中网络流具有存储量小、计算速度快等优点。如何将多种解法耦合用于求解实际水库群的网络流模型需要更深入的研究。

综上所述，在水库防洪调度中，常采用的有模拟方法和优化方法。模拟方法是将所研究的客观系统转化为数学模型，利用计算机对数学模型进行多次模拟计算，分析每次模拟计算的结果，选出最优策略。模拟方法与优化方法相比，通常不受数学模型的限制，有利于计算机求解，但它不能直接产生模拟对象的最优解，而且，模拟技术很难使用现有的模拟模型，程序设计的工作量较大，模拟运算时间也较长[46]。优化方法是使用一个目标函数和约束方程的简化数学模型，直接求解最优决策。在水库群防洪联合调度研究中，常采用的优化方法有线性规划法、动态规划法、非线性规划法、随机动态法、多目标决策技术、大系统分解协调法等。线性规划方法的求解技术成熟、处理方便，易于利用计算机求解；动态规划方法能较好地反映径流实际情况，可得到稳定的运行策略，缺点是计算工作量大，水库数目增加时，会产生"维数灾"；多目标分析法中考虑了不可公度目标的组合及其影响因素，但各目标权重系数的确定目前还有待商榷；大系统分解协调方法则是将复杂的大系统分解为若干的子系统，实现子系统局部最优化，然后根据大系统的总目标，使各子系统互相配合，实现全局最优法；模糊决策方法优点是模糊逻辑规则鲁棒性好，易调整，好理解，适宜应用于实际工程；人工神经网络具有快速收敛于状态空间中一稳定平衡点的优点，对于不同程度存在的"维数灾"问题提供了一条新途径；遗传算法是模拟生物在自然环境中遗传进化过程的一种自适应全局优化概率搜索算法，具有简单实用、鲁棒性强、适于并行计算的优点。

1.2.2　水库兴利调度

1. 国外研究状况

水库调度问题最早可追溯到哈桑的水库调度径流计算累积曲线法和莫罗佐夫关于调配调节概念的水库调度图。水库优化调度的研究在国外有很长的历史。美国的 Mases 于 1946 年将优化概念引入到水库调度中来[47]。1955 年，美国的 Little 提出了水电系统随机动态规划模型，对水库优化调度进行研究，从而标志着用系统学科的方法研究水库优化调度的开始[48]。

线性规划是水库优化调度中最早、最简单、应用最广泛的一种规划方法。这种方法处理高维问题的能力较强，不需要初始决策，结果收敛于全局最优解、计算速度快。Windsor（1973）最早进行了水库群方面的线性规划研究[49]，主要有适用于目标函数和约束高非线性、非凸集性的二元规划、整数规划、混合整数规划等线性模型。但是线性规划要求目标函数和约束条件必须是线性的，这就需要对目标函数及约束条件进行线性化处理，可能会造成与实际问题有较大的偏差。

1960 年 Howard 的《动态规划与马尔柯夫过程》为马氏决策规划模型奠定了基础。20 世纪 70 年代初，国外陆续发表的研究成果表明单一水库优化调度的马氏决策规划模型已趋成熟。对于确定来水情况下的水库优化调度，Young 在 Hall、Howed 和 Roefs 等人研究的基础上，应用动态规划方法研究了单一水库的最优控制问题[50-52]。在此基础上，Kirk、Jacobson、Mayne、Tanura 和 Halkin 等将极大值原理和微分动态规划方法引入到水库优化调度中[53-55]。

动态规划可以把复杂的问题划分为若干个阶段的子问题，逐段求解，可以较好地反映径流实际情况。一些比较复杂的系统如水电站水库群常常有若干个状态变量，随着状态变量数目的增加，每阶段各状态的组合数目成指数关系增加，因而要求计算机的存储量显著增加，使动态规划方法的应用受到计算机存储量和计算时间的限制，通常称为"维数灾"。Croley、Puterman 等的研究表明维数问题是多库优化调度中的最大障碍，简单地减少状态数以减少计算工作量不能找到最优解或者结果脱离实际[56,57]。针对动态规划的维数灾问题，学者们提出了大量的改进措施，主要包括粗网格内插计算，联系逐次逼近动态规划（DPSA）、增量动态规划（IDP）以及离散微分动态规划法（DDDP），逐步优化算法（POA）等。粗网格内插技术主要是为了减轻离散点的大计算量带给内存使用紧张的问题。这种方法首先由 Bellman（1957）提出[58]。Johnson 等人（1993）利用分段多项式函数使内插方法更加成熟[59]。虽然这种方法减轻了维数问题，但还不能完全克服这个问题。Bellman 和 Dreyfus（1962）首先提出了逐次逼近方法（DPSA）[60]。这种方法一段时间优化一个状态变量，其他状态变量保持原有值，将多维问题转化为一系列的一维问题。动态规划逐次逼近方法及其扩展方法（如将增量和逐次逼近相结合的增量动态规划逐次逼近方法）已经运用到很多库群系统。增量动态规划首先由 Larson（1968）提出[61]。Jacobson 和 Mayne（1970）首先提出了微分动态规划方法，利用解析解法而不是离散状态空间来解决动态规划的维数灾问题[54]。随后，Heidari 等（1971）提出了离散微分动态规划[62]。加拿大学者 H. R. Howson 和 N. G. F. Sancho（1975）提出了逐步优化算法，用于求解多状态动态规划问题，优点是状态变量不必离散，因而可以收敛于全局最优解[63]。

针对随机动态规划的"维数灾"问题，Hall（1970）提出了将所有水库群聚合成一个等价的单库。Turgeon（1980）利用这个办法，将随机动态规划应用到大型水电站库群[64]。Karamouz 等（1992）提出了一个贝叶斯随机动态规划（BSDP）[65]，由于把随机动态规划应用于库群调度比确定性动态规划增加了状态的维数，因此较少将随机动态规划应用于库群调度。

线性规划和动态规划理论上比较成熟完善，在水库优化调度中得到了广泛的应用，非动态规划方法作为数学规划的重要分支之一，在水库优化调度中也得到了一定的重视。如逐次线性规划（SLP）、逐次二次规划（SQP）、增量拉格朗日方法、广义梯度下降法（GRG）等。Barros 等（2003）把逐次线性规划方法应用于 Brazilian 水电站，研究表明了该方法的精确性和计算的效率性[66]。为了避免大规模二次问题由于时间间隔划分而产生的计算时间长的问题，Peng 和 Buras（2000）把隐随机方案的广义梯度下降算法应用于美国缅因州 5 个上游水库[67]。

启发式规划方法通常能得到全局最优解。Cliveira 等（1997）使用遗传算法（GA）生成了水库群系统的调度规则[68]。Chandramouli 和 Raman（2001）利用动态规划和神经网络进行水库群建模研究[69]。Teegavarapu 等（2002）提出了基于模拟退火法的水库系统优化调度方法[70]。模糊优化调度理论的发展历史虽然不长，但在水电站水库群的优化调度中也得到了许多应用。Su 和 Hsu 根据模糊理论，在短期水火电站联调中用成员函数来评价目标函数、负荷需求和旋转备用限制，并通过模糊集相交，构成了一个模糊动态规划的多阶段决策过程[71]；Dhillon 等人考虑负荷和来水的随机特性，采用权重系数法获得了多目标的非劣解集，然后采用模糊决策的方法获得了短期水火电站联调的满意解[72]。Rusell、Samuel 等认为：水库调度研究之所以较少付诸实践，原因之一是实施者不愿意使用复杂的优化模型，而模糊逻辑易于理解，所以模糊优化是有前途的，但只能作为其他优化技术的补充，而非替代[73]。

2. 国内研究状况

国内关于水库优化调度的研究和应用始于 20 世纪 60 年代。1960 年 9 月由当时的中国科学院和中国水利水电科学研究院联合编译了《运筹学在水文水利计算中的应用》。1960 年，吴沧浦首次在国内提出了年调节水库的最优 DP 模型[74]。1963 年，谭维炎、黄守信等根据动态规划与 Markov 过程理论，建立了一个长期调节水电站水库的优化调度模型，并在狮子滩水库的优化调度中得到应用[75]。从 20 世纪 70 年代末到 80 年代中期，单库优化调度的理论研究和实际应用取得了较大的发展。1979 年，张勇传、熊斯毅等采用可变方向搜索法，引进了罚函数，从而进一步提高了调度图的可靠性[76]；在同一时期，董子敖等人在研究刘家峡水电站水库优化调度时，提出了国民经济效益最大的目标函数，在寻优技术方面，采用了满足保证率要求的改变约束法，以控制破坏深度[77]。1982 年，施熙灿、林翔岳等提出了保证率约束下的 Markov 决策规划模型[78]。1983 年，张勇传、傅昭阳等人提出了建立在对策论基础上的水库优化调度图[79]。1986 年，李寿声、彭世彰等针对多种水源分配的水库最优引水量问题，建立了一个非线性规划模型和多维动态规划模型[80]；同年，张玉新、冯尚友提出了一个多维决策的多目标动态规划模型，以多目标中某一目标为基本目标，将其他目标作为状态变量处理，因此，随着维数的增加，计算工作量必然也随之增加[81]。为了克服这一问题，1988 年，张玉新、冯尚友针对综合利用水库，建立了多目标动态规划迭代法的求解方法，通过构造一个三级段函数来提高计算效率[82]。在水库优化调度中，一般把入库水量过程看作确定性的或随机性的，但事实上水文气象具有一定的模糊性。1983 年，吴信益把模糊数学引入到水库优化调度中来[83]。1988 年，陈守煜提出多目标、多阶段模糊优选模型的基本原理和解法，把动态规划和模糊优选有机地结合起来[84]；同年，陈守煜、赵英琪提出了系统层次分析模糊优选模型，为水库模糊优化调度的研究奠定了理论基础[85]。1995 年贺北方、涂龙将径流过程的随机描述与模糊动态规划方法相结合，建立了水库优化调度的随机系统模糊动态模型（SFDPM）[86]。1996 年，马光文、王黎等将人工智能浮点表示遗传算法（FP）用于求解水电站优化调度问题，它的主要优点在于状态和控制变量不必离散化，所需内存少，编程简单，它为克服水库群优化运行"维数灾"问题提供了一条新途径[87]。1997 年，马光文、王黎将从遗传算法多个初始点开始寻优，沿多路径搜索实现全局最优[88]；同年，魏强、张勇传等提出了径流 AR（P）模型条件下的 RBSI 法[89]。2001 年，金菊良等设计了简单遗传算法的改进形式，即加速遗传算法（AGA）[90]。

随着水电能源的开发，水库群成为常见的水利水电系统，水库群从水力联系上一般分为串联、并联和混联三种形式。水库群优化是以单一水库优化调度理论和方法为基础的，伴随着国家各大流域开发的逐步完成，我国在水库群方面的研究成果也很多。

国内关于水库群优化调度的研究始于 20 世纪 80 年代初，谭维炎等在研究四川水电站水库群优化调度图和计算方法时，提出了考虑保证率约束的优化调度图的递推计算方法[91]。1981 年，张勇传利用大系统分解协调的观点，对两并联水电站水库的联合优化调度问题进行了研究，先进行单库优化调度，然后在两水库单库最优策略的基础上引入偏优损失最小作为目标函数，对单库最优策略协调求得总体最优[92]。1982 年，熊斯毅、邴凤山根据系统分析思想，提出水库群优化调度的偏离损失系数法：采用 Markov 描述径流过程，偏离系统通过逐时段求解最优递推方程求得，能反应面临时段效益和余留期影响，形式简单，使用方便，理论上也比较完善[93]；同年，叶秉如提出了并联水电站水库群年最优调度的动态分析法，该法以古典优化法为基础，结合递推增优计算，在闽北水电站水库群的模拟计算中增发 6.6% 的发电量[94]。1983 年，鲁子林将网络分析中最小费用算法用于并联水库群的优化调度计算[95]。1988 年，胡振鹏、冯尚友提出了动态大系统多目标递阶分析的分解-聚合方法，将库群多年运行的整体优化问题分解为按时间划分的一系列子系统，在各子系统优化的基础上，将各库提出的年内运行策略聚合成上一级系统，并由聚合模型描述和确定水库群的多年运行过程和策略[96]。这种分解-协调-聚合方法与一般方法相比较，简化了系统复杂性，减少了计算工作量、避免了维数灾的特点，可直接应用到不同模型求解子系统，但收敛性差，即使收敛，也需要较长的计算时间。1989 年，董子敖提出了计入径流在时间、空间相关关系的多目标多层次优化数学模型[97]。1990 年，张勇传等提出了水库群优化调度的效益统计迭代（RBSI）法[98]；同年，陈洋波、陈惠源开展了水电站库群隐随机优化调度函数的研究[99]。1998 年，李爱玲针对黄河上游梯级水电站群的兴利优化调度问题进行研究，对这一多阶段非线性随机决策问题，应用迭代方法求解[100]。1999 年，刘鑫卿和钟琦给出了水库群发电优化调度随机统计迭代算法，通过计算最优余留效益函数，得出最优调度函数，其最优性与随机动态规划方法相同[101]。2000 年，梅亚东、朱教新提出了黄河上游水电站短期优化调度模型及迭代解法[102]；同年，王仁权等建立了梯级水电站群用水最小模型，利用 POA 有效分配各水电站的负荷，为大规模水电站水库群优化调度提供了例证[103]；毛睿等提出了基于并行分布式计算技术的高性能计算方法进行库群优化调度的方法来解决"维数灾"问题，结果大大优于常规调度，并缩短了整个计算决策时间[104]。2003 年，宗航等给出了 POA 算法在梯级水电站短期优化调度的应用及结果，并指出了进一步的研究方向[105]。

其他系统理论应用到水库优化调度中的有：1995 年，谢新民、陈守煜等建立水电站水库群模糊优化调度模型，提出了一种目标协调-模糊规划（IB-FP）法[106]；同年，胡铁松、万永华等提出了水库群优化调度函数的人工神经网络方法[107]。1996 年，马光文、王黎将遗传算法应用到水库群优化调度中[108]。1998 年，杨侃、陈雷把多目标分层排序网络分析模型拓展到多目标梯级水电站调度的网络分析中，提出了梯级水电站群多目标网络分析模型[109]。粒子群优化算法（PSO）是基于群体的演化算法，其思想来源于人工生命和演化计算理论。2006 年，杨道辉等人将粒子群优化算法应用到水库优化调度中[110]。2007 年，张双虎等人针对 PSO 算法的约束处理机制，提出了一种改进的自适应粒子群优化算法（Modified Adaptive PSO，MAPSO），并将其应用到水电站优化调度中[111]。梁伟和陈守伦（2008）利用混沌优化算法对梯级水电站中长期水库调度问题进行优化计算[112]；刘起方和马光文等（2008）提出一种对分插值与混沌嵌套搜索算法的梯级水库联合优化调度求解方法[113]，实例表明该算法具有参数简单、普适性强、稳定性高、全局优化等特点。辛芳芳、梁川（2009）以四川省凉山州安宁河龙头水库大桥水库水电站为研究对象，利用加速遗传算法进行求解，计算结果表明，该方法能有效地克服标准遗传算法早熟收敛、计算量大、全局优化速度慢等缺点，能较好地应用于水库优化调度计算[114]。

国内有关单位和专家、学者也对生态调度进行了研究。长江水利委员会等对三峡水库的生态调度作了一些研究。2006 年，长江干流水位创历史同期最低，上游川渝两省市发生特大干旱，长江水利委员会及时提出三峡水库于汛末开始蓄水的方案，通过合理调度，控制了宜昌站流量不小于 $8000\text{m}^3/\text{s}$，保证了长江中下游地区生态环境用水需求。黄河水利委员会也对小浪底等水库联合调度进行"调水调沙"原型试验。董哲仁、孙东亚等通过分析现行水库优化调度方法的不足，指出应在实现社会经济多种目标的同时，兼顾河流生态系统需求，实行水库的多目标生态调度。徐杨、常福宣等在系统地分析了国内外大量水库生态调度实践的基础上，对水库生态调度的内涵及其研究状况进行了较全面的归纳和总结，并分析研究了水库水量、泥沙、水质的生态调度方式。刘凌、杨志峰等提出防止河道泥沙淤积的生态需水量定量计算方法，并确定防止黄河下游河道淤积、维持河道平衡的年平均水量为 184 亿 m^3。王兆印、林秉南通过探讨中国河流治理和灾害防治中的泥沙问题，提出要建立河道非恒定流输沙理论，利用水库的生态调度，改善河道淤积、生态恶化现象。吕新华、禹雪中分别研究了水利工程的生态调度问题，提出了基于河流流域生态健康的水库调度模式。

1.2.3 闸泵工程调度

闸泵等水利工程的科学调度可以加快水体流动，不仅可以在洪水时期加大泄洪量，减小洪涝灾害，而且可以增加污染河道的水量，提高水体自净能力，增加水体环境容量，是一项迅速改善河道水质的有效措施。

闸泵工程的调度主要涉及的技术内容有水动力模拟、污染物运动模拟及水量水质调度等内容。

1. 水动力模拟

水动力数值模拟的发展有三个阶段。第一阶段是数值计算，其特点是用计算机对水力学公式或方程直接计算求解，解决了用简单计算工具难以完成的计算，操作简便、计算快速、方法实用。第二阶段是单因素水动力数值模拟，这是水动力数值模拟的初级阶段，其特点是采用数值计算方法对水动力运动方程进行离散求解，采用的数值计算方法包括有限差分法、有限元法、边界元法等。本阶段要研究各种离散方法的格式构成，离散方程与原微分方程的相容性，计算过程的稳定性、收敛性和精度等一系列问题。第三阶段是多因素过程模拟，这是利用电子计算机和数值方法对自然界地貌演变过程中各种现象进行过程模拟。由此开发出一系列的新技术，例如：与物理模型相结合的复合模型，多因素联合运行，智能型和可视化模拟技术，随机模拟分析等。这些都极大地丰富了数值模拟技术，扩大了数值模拟的应用范围，使数值模拟技术提高到一个崭新的水平。

20 世纪 80 年代以前，由于受实测技术与计算机条件的限制，水动力模拟还多采用一维和二维模型来完成。河网问题虽然是一维问题，但由于在分汊点处要考虑水流的衔接情况，增加了问题的复杂性，所以人们一般把河网问题单独提出来加以研究，在过去的 30 年中，这方面的研究已取得了很大进展。河网问题最后都归结为一维圣维南方程组的求解问题，其求解方法有直接解法、荷兰水力学家 Dronkers[115] 提出的分级解法、法国水力学专家 Jean 提出的组合单元解法、有限元法等。张二骏等人[116]（1982）提出了河网非恒定流的三级联合解法，吴寿红[117]（1985）出了河网非恒定流的四级解法。芮孝芳[118]（1990）以三级联合解法为指导，对多支流河道提出了虚设单元河段法处理方程组的系数矩阵。这些都是对分级解法的改进。李毓湘、逄勇[119]利用一维非恒定流基本方程组、河网节点联结方程及边点方程建立了珠江三角洲河网区水动力学模型；将参加计算的方程分成微段、河段、汊点三级，采用逐级处理再联合运算的方法（即三级联解法），求得河网中各计算断面的水位、流量等值。姚琪等[120]（1991）将分级解法与组合单元解法相结合，提出了具有这两种方法优点的混合方法。研究人员的多年应用证明：求解圣维南方程组时，采用有限元法可以得到较高效的模型。Szymkiewicz[121]用有限元法计算一维河网的水环境问题，张华庆、金生[122]采用半隐式有限元方法，建立了珠江三角洲河网水流、泥沙数学模型。

常用的二维水动力模式有隐式交替方向技术（Alternating Direction Implicit，

ADI）方法、SIMPLE（Semi-Implicit Method for Pressure－Linked Equations）法、算子分裂法等算法。ADI 方法由于时间步长较短、效率不高、精度难以满足要求等原因，一般只适用于宽广水域。Patankar 和 Spaldin[123] 提出的 SIMPLE 算法被广泛地应用于不可压缩流体的流动数值模拟。算子分裂法采用显隐交替的方法计算，在显式的部分仍然采用 ADI 法，这种方法虽然在精度上较传统的 ADI 法有所提高，但仍然受到"轴化现象"及算子分裂误差的限制，计算步长很短，效率低。

近年来，随着计算机内存的大幅度增加及计算技术的改进，三维模拟已逐渐得到推广应用。在三维数值模拟方法中，除经典的有限差分法（FDM）、有限容积法（FVM）、有限元法（FEM）和有限分析法（FAM）等数值解法的应用外，新型杂合解法如 Lagrange-Euler 法[124]、流速分解法[125]、分步杂交法[126]、垂向级数法[127]、过程分裂法[128] 等方法也应运而生。

下面是几种常用的水动力计算机模型软件：

（1）ECOM 模型：ECOM（3D Estuarine, Coastal and Ocean Model）模型是由 Blumberg 等人在 POM 模型的基础上发展起来的一个比较成熟的近海水动力模型。

（2）Delft3D 软件包：Delft3D 是由荷兰 Delft 大学 WL Delft Hydraulics 开发的一套功能强大的软件包，是目前世界上最为先进的、完全的三维水动力-水质模型系统，它能非常精确地进行大尺度的水流（Flow）、水动力（Hydrodynamics）、波浪（Waves）、泥沙（Morphology）、水质（Waq）和生态（Eco）的计算。Delft3D 采用 Delft 计算格式，快速而稳定，完全保证质量、动量和能量守恒。河网区的水动力模拟是在 Delft3D-FLOW 模块下完成的，FLOW 是一个多维（二维、三维）水动力学（和物质输运）模拟程序，通过建立适合边界的直线网格或者曲线网格来计算非稳定流。它建立在 Navier-Stokes 方程的基础上，采用 ADI 法对相应坐标系下的控制方程组进行离散求解。

（3）TRIM3D 模型：是三角洲河网区实际应用较多的一种模型，该模型由 TRIM 模型发展而来，Casulli 和 Cattani[129]（1994）开发了水动力核心部分，Gross 等[130]（1999）合成标量输运程序成为多维水动力标量模型。

（4）美国 EFDC 模型：EFDC（The Environmental Fluid Dynamics Code）模型是在美国国家环保署资助下由威廉玛丽大学海洋学院弗吉尼亚海洋科学研究所（Virginia Institute of Marine Science at the College of William and Mary，VIMS）的 John Hamrick 等人根据多个数学模型集成开发研制的综合水动力、水质数学模型，可实现河流、湖泊、水库、湿地系统、河口和海洋等水体的水动力学和水质模拟，是一个多变量有限差分模型。模型包括水动力、水质、有毒物质、底质、风浪和泥沙模块。

（5）丹麦水力研究所（DHI）研制开发的 MIKE 系列软件：此软件也是基于有限差分法，基本方程求解用 ADI 法，采用交错网格离散。能根据地形资料进行计算网格的划分，并且具有强大的分析功能，如流场动态演示及动画制作、计算断面流量、实测与计算过程的验证、不同方案的比较等。

2. 污染物运动模拟

关于污染物的运动，Rutherford、Schiler 等研究了河口水体的垂向紊动扩散规律；张书农通过河道、水槽实验研究了天然河流中污染物的横向扩散；李玉梁、卞振举等在河流与实验水槽中研究了河流的纵向离散特性。这些都是理论研究成果或以原型观测为基础的实验研究成果，它们与后来发展的模型实验都有其各自的局限性。

水体中污染物运动与水体水动力学特性密切相关，只有深入了解水体的水动力学特性，才能找到污染物在水中运动的规律。实际水利水电工程中的流动一般都是紊流，水体污染物运动的模拟与紊流模型的选择与应用息息相关。

随着计算机技术的进步，环境水力学数值模拟有了长足发展，结合紊流模型来研究水体中污染物的运动规律已经成为了环境水力学的重要发展趋势。对实际工程中紊流的研究多为模式理论研究，从 Navier-Stokes 方程出发，利用统计平均的概念，推导出描述紊流运动的雷诺方程，并用紊流数学模型对雷诺方程进行封闭，再利用计算机和数值方法对紊流特征量进行数值模拟，采用的方法为 DNS 方法[131]。从解方程组时所增加的偏微分方程数目来分，紊流数学模型有零方程模型、单方程模型、双方程模型和多方程模型；根据数学模型的空间维数，紊流模型有二维紊流模型和三维紊流模型。在上述紊流模型中，双方程模型是通用性较好、受检验程度较高的，因此得到了较广泛的应用。胡振红[132]用双方程模型模拟了温度和盐度分层流，倪浩清[133]用双方程模型模拟了明渠中的温差异重流。

紊流模型研究在近年来有了飞速发展，出现了双方程模型的改进型及大涡模拟和拟序结构模拟等湍流高级模拟模型。马福喜[134]采用改进的双方程模型对丁坝绕流及岸边波浪进行了数值模拟并取得了满意的成果。蔡树群[135]探讨了大涡模拟及其在海洋湍流数值模拟中的应用。结合先进的紊流模型来研究水体污染物的运动规律始终是众多研究人员的研究重点。

水质模型是水体中污染物随空间和时间运动规律的定量描述，按空间可以划分为零维水质模型、一维水质模型、二维水质模型、三维水质模型。零维水质模型是按完全混合反应器原理建立的河段的水质模型。这是一种近似的水质模拟方法，适用于河段长度较短的条件。一维水质模型相对简单，但简化太多，模拟结果粗糙。二维水质模型虽然在复杂流动情况下很难得到合理的结果，但它也能反映污染物的总体输移趋势，节省大量的计算资源。三维水质模型虽然对计算机资源和计算人员的要求高，但是它在一维水质模型和二维水质模型难以满足预测预报要求时显示了极大的优越性。闵涛、周孝德[136]应用一维非恒定水质模型对水体排污口污染物初始排放浓度进行了规划。吴修广、沈永明等[137]应用基于非正交曲线坐标下的水深平均双方程模型进行了实验室连续弯道及污染物扩散的数值模拟，计算所得流场和浓度与实测值吻合良好。李嘉等[138]运用贴体坐标下的三维 $\kappa-\varepsilon$ 模型对三峡水库坝前 50km 的流场和浓度场进行了三维数值模拟和模型验证。李志勤[139]选择污染物运动三维数学模型和数值求解方法，用 Fortran 编制了污染物运动模拟程序，并用理论解验证了选择的污染物运动模型、数值求解方法及编制程序的可靠性。

　　3. 水量水质调度

　　国外学者 Bruce Loflis[140] 等采用水量、水质数学模型和优化模型方法研究了综合考虑水量、水质目标的湖泊调度方式。Mehrez 等[141] 发展了一种考虑水量和水质的非线性规划模型，研究多水质、多水源的区域水资源供给系统实时调度问题。Campbell 等[142] 利用模拟模型和线性优化模型研究三角洲地区地表水和地下水源的分配系统，在控制海水入侵和农业面源污水的盐分浓度控制目标下，研究了具有多种水质的不同水源的优化调度以及水质变化规律，探讨了高水质储水水库的稀释混合对源水水质的净化作用规律。

　　国内对闸泵等水利工程调度模拟从实际出发，林宝新等[143] 根据平原河网的水文水力特性及闸群工作特点，建立了河网闸群防洪体系的优化调度模型。模型中将离散微分动态规划法（DDDP）择优过程和模拟计算过程相结合，确定闸群的最优启闭顺序、开启闸孔数与时间，以实现河道在现有泄洪能力下的最佳运行状态。程芳、陈守伦[144] 针对泰州泵站中转桨式与定桨式轴流泵机组同时并存的情况，依据其常规调度模式和机组布置的特点，引入大系统分解协调技术，建立了两层谱系结构的泵站优化调度模型，并在不同层次采用了合理的优化技术进行求解。计算结果表明，所提出的模型及优化原则保证了泵站在原有设施条件下能经济高效地运行。顾正华[145] 针对河网水闸综合管理中的水闸智能群控关键问题，借助人工神经网络和河网非恒定流数学模型技术，构建了一种河网水闸智能调度辅助决策模型。在上海市浦东新区河网上的运用结果表明，该模型可以较好地满足群闸智能调度需求，能解决浦东新区这样大型复杂河网的水闸智能控制问题，从而为内陆河网水闸综合管理提供有效的决策支持。陈文龙等[146] 利用一、二维水（潮）流联解数学模型及二维水流动态演示方法，计算分析了水闸群联合调度方案实施后广州市桥河的水动力环境，评估调度方案对市桥河水环境改善的效果，为市桥河水系水环境规划提供科学依据。赵慧明等[147] 利用闸孔出流公式耦合水流运动平面二维 ADI 算法，建立了多闸门联合调度的平面二维数学模型。模型被应用到北京市卢沟桥分洪枢纽多闸门联合调度控制洪水的研究之中，并提出了洪水过程中洪峰流量小于 $2500\mathrm{m}^3/\mathrm{s}$ 的调度方案，对海河水利委员会批准的调度方案进行了完善和补充，表明该模型可以应用到工程实际之中。江涛等[148] 在已建立的西北江三角洲潮汐河网水量水质数学模型基础上，以 COD 为水质模拟因子，模拟分析了枯水期沙口、石嘴闸泵站联合调度引水情景下佛山水道的水质改善效果。陈明洪等[149] 采用一维非恒定水流数学模型耦合闸坝水力学模型，构建了可用于多闸坝分汊河流中场次洪水实时模拟和调度的模型。该模型分别对河流分汊、多闸坝泄水和断流进行处理，增强了模型的实时性和稳定性。基于该模型对北运河杨洼闸以上河道进行洪水模拟和调度，根据不同重现期场次洪水演进结果提出的调度方案为北运河重要闸坝的调度决策提供了技术支持。

　　当前国内现有平原地区或感潮河网地区的闸泵群联合调度理论方法研究中，以单一的引调水资源或改善水质为主，而利用闸泵群进行包含水质改善、淡水蓄积及释淡抑咸等不同阶段的调度过程从而最终实现抑咸目标的联合调度尚未见相关公开成果。

在调度实践方面，与闸泵群联合调度相类似的平原区内河涌水量水质调度（大部分以水质改善为主要目标），最早在我国上海于 20 世纪 80 年代中期就开始了利用水利工程进行引清调度的实践，开始了我国进行水利工程调度改善水质的先例，随后福州、苏州、南京、杭州、昆明和太湖流域等地也陆续开展了各类利用水资源调度改善水质的区域性试验研究和实践。

上海作为平原感潮河网地区，滨江临海，水量充沛，但在长期经济发展过程中，因城市污水处理能力严重不足，不得不大量排入河道，加上河道纵横、水系相通，水面坡降小、水流流向不定、流速缓慢，在潮汐的影响下不能及时排出，导致河道水质严重污染。全市水质在 Ⅴ 类和劣 Ⅴ 类之间的河道占总数的 88.7%，水质情况较差，大大影响了上海的可持续发展。为改善上海市水环境状况，20 世纪 80 年代末，上海市选择有关水利控制片就利用已建水（泵）闸工程开展了引清调水试验工作，1994 年形成了《上海市主要水利片水位控制和水闸运行办法（试行）》，1998 年开始实施全市性引清调水工作。上海市的引清调水方案就是在保障防汛安全的前提下，充分利用太湖流域来水、长江来水、上游相对清水资源和潮汐资源，将沿长江口、黄浦江上游及苏州河上游河道作为主要引水口门，沿杭州湾、黄浦江下游河道作为主要排水口门，利用潮汐动力，涨潮引水、落潮排水，并要求部分水泵开泵强引或强排以增加河道水体动力。现已形成以改善苏州河水质和保护黄浦江上游水质为重点、带动中心城区及其他主要河道水质改善的"分片调度，全市联动"调水工作机制。通过对各控制片群（泵）闸的科学调度，实现内河主要骨干河道水体定向、有序流动，从而带动其他中小河道水体有序流动，增加河网水体的更换次数，提高内河水体自净能力，以改善内河水环境，实现市域内水资源的优化配置。

福州市内河共有 42 条，纵横交错。近年来大量工业废水和生活污水直接排入内河，使其污染状况加剧，常年黑臭。1996 年福州实施引水冲污方案，即通过引闽江水，加大内河径流量，提高流速，使大部分河段水流呈单向流，当天污水当天排入闽江，做到一天换一次水，减少回荡。引水后内河的复氧能力增强，其综合效应的结果达到了消除黑臭的目的，同时大大降低了闽江北港北岸边污染物浓度。该工程 1998 年 8 月竣工投入实际运行。

温瑞塘河温州市区段自身无清水补充，水体自净能力较差，导致其水体黑臭。温州市在塘河综合整治中提出了引水冲污，在短期内改善水质的综合调水方案，以提高河道的输水量和水体的置换速度，改善塘河的稀释自净能力。通过水闸的综合调度，配以一定的工程措施，市区部分河段可以得到有效的冲刷置换，基本实现了水质改善的目的。

张家港市水系属长江流域太湖湖区水系，市内通江河道众多，纵横交叉、南北贯通。随着工农业生产和城市建设的飞速发展，产生的大量污染物排入江河，造成张家港市范围内的水环境质量不断下降。为改善水环境，于2003年8月开展了实验河网区的原型调水实验和水环境改善效果分析。实验方案利用长江潮差，在一次涨落潮期间、闸门启闭一次充分引潮情况下，由主要引清河道从长江引水，进行水体置换，改善水质。实验研究结果表明在沿江部分地区利用长江潮差引水改善平原河网水环境是可行的，且改善效果明显，有效缩短了水体置换周期，增强了水体自净能力，增加了水环境容量。

大量已经开展的调度实验表明，在感潮河网地区，充分利用现有的水利工程，利用充沛的过境水量优势和感潮河网的潮汐水动力特性，发挥已建水利工程的水量水质调控作用，促进水体的良性循环，实现水资源的合理分配，具有效果好、费用低、运行管理相对简单的特点，是一种较好的途径。

▶▶▶ 1.3 研究内容

在介绍流域基本概况的基础上，重点开展流域洪水变异、综合调度需求分析、防洪调度方案研究、枯水期水量调度方案研究及复杂感潮河网区闸泵群联合调度研究。

1. 梯级开发下的流域洪水变异研究

采用流域多年洪峰资料数据分离场次洪水，对上下游同场洪水传播时间的诸多影响因素进行多元回归统计分析，结合一维水动力数学模型对洪峰传播时间变化进行验证，总结红水河建库前后洪峰传播时间变化的规律；建立西江一维非恒定流全归槽洪水计算模型，结合现有水位流量资料和对区间洪水的处理，建立天然洪水、全归槽洪水、部分归槽洪水的峰量关系。

2. 综合调度的需求分析

研究流域防洪、供水、抑制咸潮、航运等目标对水库调度的需求，明确不同河段的控制断面和控制指标。研究河道最小生态流量等水生态环境安全需求。研究发电调度与其他综合利用要求的关系，分析各水库发电任务对水库调度的要求。

3. 防洪调度方案研究

分析西江洪水特性、河道特性，通过建立洪水演进调度数学模型，研究骨干水库防洪补偿调度方式，提出水库联合防洪调度的原则，研究制订西江干流已建骨干水库群的防洪调度方案。

4. 枯水期水量调度方案研究

建立水资源联合调度运用模型，针对不同的枯水情况，研究满足综合利用联合调度任务的蓄水原则与目标，按不同的调度方式进行径流调节计算，推荐水库群调度运用原则和方式，制订枯水期西江干流已建骨干水库群的综合调度方案。

5. 复杂感潮河网区闸泵群联合调度关键技术研究

以珠江三角洲典型多汊河口联围水量水质监测资料为基础，分析河流水系、径流潮汐、闸泵工程、防洪排涝挡咸等调度边界条件和约束条件，建立换水—蓄水—补水全过程的河网区闸泵群调控模型，嵌套珠江三角洲河网整体一维、二维联解潮流数学模型，耦合三角洲平原河网区水流污染物输移模型的多目标、多层次、多维度的闸泵群联合调度模型，揭示复合动力驱动下的感潮河网区水量水质变化规律，制订显著提高河网区水环境质量、淡水资源利用率和咸潮抑制效果的闸泵群调度优化方案。

第 2 章

流 域 概 况

　　西江是珠江流域的主干流，位于东经 $102°14'\sim114°50'$、北纬 $21°31'\sim26°49'$ 之间。地势大致呈西北—东南倾斜，境内山脉纵横，山丘面积占大部分；岩溶地貌发育，分布广。由于山峦连绵，山体高大，对气流的抬升作用明显，且对南北气团的交绥有促进或阻滞作用。因此，雨量的分布与山脉分布以及迎风坡、背风坡有一定的关系。

▶▶▶ 2.1　河流水系

　　西江从源头至北江汇合的思贤滘全长 2075km，干流自西向东流经云南、贵州、广西、广东四省（自治区），至广东省三水思贤滘西滘口，平均坡降 $0.58‰$，集水面积 353120km²，占珠江流域总面积的 77.8%。其中 341530km² 在我国境内，11590km² 的左江上游区在越南境内。自上向下各河段依次称为南盘江、红水河、黔江、浔江和西江，总称西江。西江流至思贤滘后汇入珠江三角洲河网区。南盘江至红水河为上游，黔江至浔江为中游，西江为下游。西江干流有众多支流，其中集水面积 10000km² 以上的一级支流有北盘江、柳江、郁江、桂江和贺江。西江上游南盘江流域内分布着许多高原湖泊，主要有抚仙湖、星云湖、阳宗海、杞麓湖、异龙湖、大屯海、长桥海等。

　　西江干流及主要支流特征见表 2-1。

表 2-1　　　　　　　　　　　　　　西江干流各河段及主要支流特征

河流（河段）名称		起讫地点		河长/km	平均坡降/‰	集水面积/km²	备　注
		起	讫				
西江		马雄山东麓	三水思贤滘	2075	0.58	353120	
上游	南盘江	马雄山东麓	蔗香双江口	914	1.74	56880	
	红水河	蔗香双江口	石龙三江口	659	0.366	81460	集水面积包括北盘江
中游	黔江	石龙三江口	桂平郁江口	122	0.065	60480	集水面积包括柳江
	浔江	桂平郁江口	梧州市	172	0.097	110440	集水面积包括郁江
下游	西江	梧州市	思贤滘西滘口	208	0.086	43860	集水面积含桂江、贺江
主要一级支流	北盘江	马雄山西北麓	蔗香双江口	444	2.80	26590	红水河支流
	柳江	贵州独山	石龙三江口	755	0.45	58270	黔江支流
	郁江	云南广南县九龙山	桂平郁江口	1145	0.33	89870	浔江支流
	桂江	广西兴安县猫儿山	梧州市	438	0.43	18790	西江支流
	贺江	广西富川县蛮子岭	封开县江口镇	338	0.58	11590	西江支流

2.1.1　干流

1. 南盘江

南盘江是西江水系干流上游段，发源于海拔 2145m 的云南曲靖市马雄山东麓，其发源地即是珠江源头。江水流至贵州省望谟县蔗香村双江口与北盘江交汇处，流入红水河。南盘江干流全长 914km，河道平均坡降 1.74‰，流域面积 56880km²。流域地处滇东盆地高原区，包括澄江、开远、蒙自、石屏、建水等盆地和抚仙湖、星云湖、阳宗海、异龙湖、杞麓湖、大屯海和长桥海等高原湖泊。流域面积 100km² 以上的一级支流有 44 条，其中流域面积 1000km² 以上的支流有 8 条，主要有海口河、巴江、华溪河、泸江、甸溪河、清水江、黄泥河、马别河等。黄泥河是汇入南盘江的最大支流，其次是清水江。

2. 红水河

南盘江与北盘江在贵州省望谟县蔗香村双江口与北盘江会合后称红水河。红水河干流长 659km，流域总面积 52699km²，河道平均坡降 0.38‰，河宽 150～200m。红水河一级支流集水面积 100km² 以上的共有 29 条，其中集水面积 1000km² 以上的支流有北盘江、涟江、牛河、布柳河、良岐河、平治河、刁江、清水河、北之江。最大支流依次为北盘江、涟江和牛河。

3. 黔江

红水河与柳江在广西象州石龙三江口会合后称黔江。从三江口至桂平郁江口全长 122km，区间集水面积 2210km²，河道平均坡降 0.0625‰。集水面积在 100～1000km² 以上的支流有新江、旺村河、东乡河、濠江，墟武赖水、马来河，以马来河最大。

4. 浔江

黔江和郁江在广西桂平附近汇合后称浔江，至梧州市桂江口全长172km，区间集水面积20570km²，河道平均坡降0.0968‰。在桂平县境内浔江流向东北，入平南县境后折向东南，在平南县武林有白沙河汇入，再向东流入藤县，在蒙江镇与蒙江相汇，然后转向东南，汇北流河于藤县。集水面积在1000km²以上的一级支流有北流河、蒙江、白沙河等，北流河流域面积9359km²，是浔江一级支流中最大的一条。此外，还有集水面积100km²以上的一级支流石江、大湟江等14条。

5. 西江

浔江与桂江在梧州会合后称西江，至广东省三水市思贤滘西滘口，全长208km，区间集水面积43860km²，河道平均坡降0.086‰。西江河段从广西梧州市向东流13km，至界首大源涌口即进入广东省境内，再向东流在封开江口镇有贺江从左汇入，折向东南至德庆县南江口附近有罗定江汇入，又东流至高要市新江口附近有新兴江汇入，至三水市思贤滘，主流向南进入珠江三角洲。西江河段有集水面积100km²以上的一级支流14条，其中集水面积1000km²以上的大支流有桂江、贺江、罗定江和新兴江。

2.1.2 支流

1. 北盘江

北盘江是西江水系的一级支流，发源于云南省沾益县马雄山西北麓，在云南省境内称革香河，流经宣威县城至宁家村附近有亦那河汇入，向东流至滇黔交界处万家口子纳清水河后，流经都格在岔河纳入滇黔界河可渡河后进入贵州省境内，乃称北盘江。北盘江干流于贵州省望谟县双江口与南盘江相汇后进入红水河。北盘江全长444km，集水面积26590km²，平均坡降2.8‰。主要支流有亦那河、清水河、可渡河、格所河、阿志河、麻沙河、打帮河、乐运河、洛帆河等。其中较大的为可渡河，其次为打帮河。闻名世界的黄果树瀑布群就在打帮河上。

2. 柳江

柳江为西江水系的第二大支流，发源于贵州省独山县南部里纳九十九滩，由西北向东南流经贵州省三都、榕江、从江等县至广西老堡口汇古宜河为都柳江，自此河道折向南流，经广西融安、融水、柳城等县至凤山与龙江汇合为融江，其后始称柳江，最后在象州县石龙三江口汇入黔江。柳江全长755km，集水面积58270km²，平均坡降1.7‰。柳江支流众多，其中最大的是龙江，其次是洛清江。

3. 郁江

郁江是西江水系最大的支流，位于广西西南部，集水面积89870km²，约占珠江流域面积的1/5。其中在我国境内面积78280km²，其余11590km²在越南境内。郁江发源于云南省广南县九龙山，全长1145km，平均坡降0.33‰。右江是郁江干流，上游称驮娘江，由西北往东南流，与西洋江会合后称为剥隘河，至百色市与澄碧河汇合后称为右江。右江在邕江，向东流经南宁市后在邕宁县蒲庙新德屯纳入八尺江，仍向东流，在西津电站下游穿横县县城，其下始称郁江。郁江在贵平与黔江汇合。郁江最大的支流是左江，发源于越南枯隆山，第二大支流是西洋江，第三大支流是武鸣河。

4. 桂江

桂江发源于广西兴安县华江乡猫儿山坡老山界南侧，是西江水系第三大支流。桂江的上游称大溶江，在大溶江镇汇入著名的古运河灵渠后称漓江。灵渠长 34km，开凿于秦代，是沟通长江与珠江的古运河。漓江自桂林至阳朔长 83km，素有"百里漓江，百里画廊"之称。漓江流经灵川、临桂、桂林、阳朔、平乐等县市，汇恭城河后始称桂江。再经昭平、苍梧，于梧州市与浔江汇合入西江。桂江全长 438km，集水面积 18790km²，平均坡降 0.43‰。桂江有集水面积 100km² 以上的支流 22 条，最大的为恭城河，其次是荔浦河。

5. 贺江

贺江发源于广西富川县的蛮子岭，从源头起自北向南流，上游称富川江。富川江到钟山县城附近转向东南，到钟山县西湾纳西湾河后称贺江。贺江在石岐桂粤交界处与金装水汇合后进入广东省境内，向南流至广东封开县大洲圩与东安河相汇，最后在封开县江口镇流入西江，全长 338km，集水面积 11590km²，平均坡降 0.58‰。贺江有集水面积 100km² 以上的支流 17 条，最大的是东安江，其次是桂岭河。

▶▶ 2.2 气象水文

1. 气象

西江流域地处亚热带季风气候区，气候温和，雨量丰沛。影响流域的主要天气系统有锋面、热带辐合带、低涡切变、热带气旋等。气候的特点是春季阴雨寡照，雨日特多；夏季温高湿热，暴雨集中；秋季台风入侵频繁；冬季雨量稀少，严寒天气不多；四季气候变化明显。在云贵高原区，山高谷深，地形起伏大，地面海拔高，气候的南北差异和垂直差异都极为明显，气候复杂而多变，"一山分四季，十里不同天"的气候现象极为突出。

流域多年平均气温为 14～22℃，年际变化不大。年内 1 月平均气温最低，约为 6～8℃；7 月平均气温最高，一般为 20～30℃。极端最高气温可达 42.5℃（1958 年 4 月 23 日），极端最低气温为 −9.8℃（1977 年 2 月 10 日）。日照时间长，多年平均为 1000～2300h。多年平均相对湿度为 70%～80%。

2. 降雨

西江流域雨量丰沛，多年平均降雨量 1200～2200mm，降雨量分布由东向西逐步减少，年内分配不均，地区分布差异和年际变化大。年内降水多集中在 4—9 月，4—9 月约占全年降水量的 80%。前汛期为锋面雨，后汛期多为热带气旋雨。流域降水不仅年内分配不均，而且受下垫面复杂地形影响，地区分布差异较大。多年平均降水量的分布明显呈由东向西逐渐减少的趋势，一般山地降水多，平原河谷降水少，降水高值区多分布在较大山脉的迎风坡。由于降水时空分布不均，旱涝灾害时有发生。

西江流域位于我国南部低纬度季风区，常受到南海和孟加拉湾的暖湿气流及北方冷空气影响，易形成范围广、持续时间长的暴雨。流域内大部分地区以锋面、低槽暴雨为主，暴雨量由东向西递减，且山地多、平原河谷少，暴雨高值区多分布在较大山脉的迎风坡。暴雨强度大、次数多、历时长，暴雨多发生在6—8月，较稳定的暴雨中心主要在柳江、桂江上游融安—桂林一带，桂江中下游昭平—浔江桂平一带，红水河都安—迁江一带。一次流域性暴雨过程一般历时7d左右。

3. 径流

西江流域河川径流总量2300亿m³。以红柳江最多，根据1956—2005年共计49年水文资料分析，西江流域径流量地区分布统计见表2-2。

表2-2 西江流域径流量地区分布统计 单位：亿m³

区 域	天 然 年 际 径 流 量				
	$P=20\%$	$P=50\%$	$P=75\%$	$P=90\%$	$P=95\%$
南北盘江	464.7	381.6	322.7	275.2	249.2
红柳江	1064.4	888.4	762.3	659.6	602.8
郁江	516.2	413.8	342.3	285.6	254.9
西江	704	562	474.1	398.5	357.4

径流年内分配极不均匀，汛期4—9月约占年径流总量的80%，6—8月3个月则占年径流量的50%以上；枯水期为10月至翌年3月，径流量占20%左右。

4. 洪水

流域洪水由暴雨形成，洪水出现的时间与暴雨一致，多集中在4—10月。洪水多成因于两类天气降雨，即锋面雨和台风雨。前汛期（4—7月）暴雨多为锋面雨，洪水峰高量大、历时长，流域性洪水及洪水灾害一般发生在前汛期。后汛期（7—10月）暴雨多为台风雨，洪水相对集中，来势迅猛，峰高但量相对较小。洪水过程一般历时10~60d，洪峰历时一般1~3d。

由于流域面积大，干支流的发洪时间差异明显。一般情况下，支流桂江的洪水出现最早，柳江次之，郁江洪水出现最晚。西江的较大洪水往往由几场连续暴雨形成，具有峰高、量大、历时长的特点，多为复峰型，流域较大洪水主要来自上游的黔江，黔江武宣站以上来洪量大于其所占流域面积比。当上游洪峰与下游支流桂江洪峰遭遇时，将会大大抬高梧州水文站洪峰水位，形成量级大的洪水。梧州水文站多年平均年最大洪峰流量为32500m³/s，调查最大洪峰流量为54500m³/s（1915年7月），实测最大洪峰流量为53700m³/s（2005年6月）。

▶▶▶ 2.3 水力开发

西江流域已建水库主要特性指标见表2-3。

表 2-3　　　　　　　　　　　　西江流域已建水库主要特性指标

名　称	所在河流	集雨面积 /km²	总库容 /亿 m³	兴利库容 /亿 m³	总装机 /万 kW	调节性能	功　能
光照	北盘江	13548	32.45	20.37	104	不完全多年	以蓄水、发电、航运、灌溉为主
天生桥一级	南盘江	50139	102.57	57.96	120	多年	发电为主
天生桥二级	南盘江	50194	0.26	0.184		日	
平班	南盘江	51600	2.78	0.268		日	
龙滩	红水河	98500	179.6/ 299.2	111.5/ 205.3	490/630	年/多年	发电为主、兼顾防洪、航运以及提高下游电站效益
岩滩	红水河	106580	33.8	10.5	121	季	发电为主、兼顾航运
大化	红水河	112200	8.15	0.39	45.6	日	
百龙滩	红水河	112500	3.4	0.695	19.2	日	
乐滩	红水河	118000	9.5	0.46	60	日	
桥巩	红水河	128564	9.03	0.27	45.6	日	
长洲	浔江	308600	56.0	1.33	63	日	发电为主
百色	右江	19600	56.6	26.2	54	不完全多年	防洪为主、兼顾发电、灌溉、航运、供水等

其中岩滩兴利库容和调节性能为龙滩运行前数据，在龙滩运行后，兴利库容为 4.25 亿 m³，为日调节水库。

西江流域已建骨干水库中对提高流域防洪能力，改善珠江三角洲水资源、水环境起控制性作用的主要有北盘江的光照水电站、干流的天生桥一级水电站、龙滩水电站、岩滩水电站、右江的百色水利枢纽及下游的长洲水利枢纽等。

1. 光照水电站

光照水电站位于贵州省关岭县与晴隆县交界的北盘江干流中游光照河段，是北盘江上最大的一个梯级水电站，也是北盘江干流茅口以下梯级水电站的龙头电站。电站处在安顺市、六盘水市、黔西南州三地区交界区域附近，距贵阳市直线距离为 162km，距下游南盘江汇合口约为 188km。

水库集雨面积 1.35km²，多年平均流量 257m³/s，多年平均径流量 81.1 亿 m³，调节库容 20.37 亿 m³，库容系数 0.251，为不完全多年调节水库。

光照水电站大坝坝顶高程 750.5m，泄流表孔设 3 孔，每孔净宽 16m，堰顶高程 725.0m，最大泄量 9857m³/s，其他主要工程特性见表 2-4。

光照水电站的控股单位是贵州黔源电力股份有限公司，于 2003 年 10 月正式开工，2004 年 10 月 22 日实现截流，2007 年 12 月 30 日下闸蓄水，2008 年 6 月实现第一台机组发电，2009 年 3 月竣工。光照水电站大坝如图 2-1 所示。

表 2-4 光照水电站主要工程特性

校核洪水位（$P=0.02\%$）/m	747.07	校核洪峰流量/（m³/s）	11900
设计洪水位（$P=0.1\%$）/m	746.38	设计洪峰流量/（m³/s）	10400
正常蓄水位/m	745.0	总库容/亿 m³	32.45
死水位/m	691.0	调节库容/亿 m³	20.37
装机容量/万 kW	104	死库容/亿 m³	10.98
多年平均发电量/亿 kW·h	27.54	输水洞最大泄量/（m³/s）	1320

图 2-1 光照水电站大坝

2. 天生桥一级水电站

天生桥一级水电站位于广西、贵州、云南三省交界的南盘江上游河段，是红水河梯级电站的第一级。水库大坝下游 7km 处为天生桥二级水电站首部枢纽，坝址左岸是贵州安龙县，右岸是广西隆林县。

水库集雨面积 5.014 万 km²，多年平均流量 612m³/s，多年平均径流量 193 亿 m³，调节库容 57.96 亿 m³，属不完全多年调节水库。

水库大坝坝顶高程 791.0m，开敞式溢洪道堰顶高程 760.0m，共分为 5 孔，每孔净宽 13m，最大泄量 21750m³。其他主要工程特性见表 2-5。

表 2-5 天生桥一级水电站主要工程特性

校核洪水位（P.M.F）/m	789.86	校核洪峰流量/（m³/s）	28500
设计洪水位（$P=0.1\%$）/m	782.87	设计洪峰流量/（m³/s）	20900
正常蓄水位/m	780.0	总库容/亿 m³	102.57
汛限水位/m	776.4	调洪库容/亿 m³	6.07
死水位/m	731.0	调节库容/亿 m³	57.96
装机容量/万 kW	120	死库容/亿 m³	25.99
多年平均发电量/亿 kW·h	52.26	输水洞最大泄量/（m³/s）	1204

天生桥一级水电站是由广东粤电集团、中国大唐集团公司、广西投资（集团）有限公司、贵州省开发投资公司共同投资组建的项目法人公司管理。于 1991 年 6 月正式开工，1994 年年底实现截流，1998 年年底实现首台机组发电，2000 年 12 月竣工。天生桥一级水电站大坝如图 2-2 所示。

图 2-2　天生桥一级水电站大坝

3. 龙滩水电站

龙滩水电站位于红水河上游河段广西天峨县境内，距天峨县城 15km，是红水河的"龙头"水电站，也是西江堤库结合防洪工程体系的骨干工程。

水库集雨面积 9.86 万 km²，占红水河流域总面积的 71.2%，占西江下游防洪控制断面梧州站以上流域面积的 30%。多年平均流量 1640m³/s，多年平均径流量 517 亿 m³。龙滩水电站分两期开发，近期按正常蓄水位 375m 建设，远期抬高至 400m，相应调节库容分别为 111.5/205.3 亿 m³，属年/多年调节水库。

龙滩水库大坝坝顶高程 382.0/406.5m，泄流表孔设 7 孔，每孔净宽 15m，堰顶高程 355.0/380.0m，最大泄量 23524/28190m³/s。主要工程特性指标见表 2-6。

表 2-6　　　　　　　　　　龙滩水电站主要工程特性

校核洪水位（P=0.01%）/m	379.34/403.11	校核洪峰流量/(m³/s)	35500
设计洪水位（P=0.2%）/m	376.47/400.86	设计洪峰流量/(m³/s)	27600
正常蓄水位/m	375/400	总库容/亿 m³	183.5/298.3
汛限水位/m	359.30(366.0)/385.40	调洪库容/亿 m³	50(30)/70
死水位/m	330/340	调节库容/亿 m³	111.5/205.3
装机容量/万 kW	420/540	死库容/亿 m³	50.6/67.4
多年平均发电量/亿 kW·h	156.7/187.1	机组总过水能力/(m³/s)	3500/4000

注　表中数据为"一期（后汛期）/二期"。

负责龙滩水电站的开发和建设的龙滩水电开发有限公司由中国大唐集团公司、广西投资（集团）有限公司、贵州省开发投资公司组成。于2001年7月1日开工，2003年11月6日实现截流，2006年9月30日下闸蓄水，1~3号机组于2007年12月底正式发电，2008年12月一期工程全部建成投产。龙滩水电站大坝如图2-3所示。

图2-3 龙滩水电站大坝

4. 岩滩水电站

岩滩水电站位于红水河中游，是红水河梯级的第五级水电站，位于广西壮族自治区大化县盘阳河口下游8km处，距离上游龙滩水电站166km。

水库集雨面积10.658万km²，占红水河流域总面积的81.4%。多年平均流量1690m³/s，多年平均径流量559亿m³。在龙滩水库建成条件下，岩滩水库调节库容为4.25亿m³，属日调节水库。

岩滩水库大坝坝顶高程233.0m，泄流表孔设7孔，每孔净宽15m，堰顶高程202.0m，最大泄量32000m³/s。其他主要工程特性见表2-7。

表2-7 岩滩水电站主要工程特性

校核洪水位（$P=0.02\%$）/m	229.2	校核洪水流量/（m³/s）	34800
设计洪水位（$P=0.1\%$）/m	227.2	设计洪水流量/（m³/s）	30500
正常蓄水位/m	223.0	总库容/亿m³	34.19
汛限水位/m	219.0	正常蓄水位库容/亿m³	26.05
死水位/m	204/212/219	兴利库容/亿m³	15.72/10.57/4.25
死库容/亿m³	10.38/15.53/21.80	多年平均发电量/亿kW·h	75.47
装机容量/万kW	181	最大过机流量/（m³/s）	3400

注 "/"表示表中数据为"单独运行/天一、联合运行/天一、龙滩联合运行"。

　　岩滩水电站的控股单位是中国大唐集团公司，于 1985 年 3 月开工，1992 年 9 月第一台机组发电，1993 年 8 月第二台机组发电。岩滩水库大坝如图 2-4 所示。

图 2-4　岩滩水库大坝

5. 百色水利枢纽

　　百色水利枢纽位于郁江上游右江河段，是珠江流域防洪规划确定的郁江堤库结合防洪工程体系中的骨干工程，坝址在百色市上游 22km 处。

　　水库集雨面积 1.96 万 km^2，占南宁水文站集水面积的 27%，占西江下游防洪控制断面梧州站以上流域面积的 5.5%。多年平均流量 263m^3/s，年径流量为 82.9 亿 m^3，调节库容 26.2 亿 m^3，属不完全多年调节水库。

　　百色水库大坝坝顶高程 234m，泄流表孔设 4 孔，每孔净宽 14m，堰顶高程 210m，最大泄量 11542m^3/s。其他主要工程特性见表 2-8。

表 2-8　　　　　　　　　　　　　　百色水电站主要工程特性

校核洪水位（$P=0.02\%$）/m	231.49	校核洪水流量/(m^3/s)	18700
设计洪水位（$P=0.2\%$）/m	229.66	设计洪水流量/(m^3/s)	13700
正常蓄水位/m	228	总库容/亿 m^3	56
汛限水位/m	214	正常蓄水位库容/亿 m^3	48
死水位/m	203	调洪库容/亿 m^3	16.4
总装机/万 kW	54	调节库容/亿 m^3	26.2
多年平均发电量/亿 kW·h	16.9	死库容/亿 m^3	21.8
最大过机流量/(m^3/s)	684	调节性能	不完全多年调节

百色水利枢纽的控股单位是水利部，主体工程于2001年10月开工，2005年8月26日下闸蓄水，2006年7月首台机组发电。百色水库大坝如图2-5所示。

图 2-5　百色水库大坝

6. 长洲水利枢纽

长洲水利枢纽水库坝址位于浔江下游河段，距下游梧州市约12km，是西江下游河段广西境内的最后一个规划梯级。

水库集雨面积30.86万km²，占西江流域面积87.4%，多年平均流量6120m³/s，多年平均径流量1930亿m³，调节库容1.33亿m³，在汛期为无调节水库，在枯水期承担日调节任务。

长洲水库大坝坝顶高程34.4m，外江、中江、内江分别设泄水闸16孔、15孔、12孔，孔口净宽15.45~16m，堰顶高程4.0m，最大泄量57700m³/s。其他主要工程特性见表2-9。

表 2-9　　　　　　　　　　　长洲水电站主要工程特性

校核洪水位/m	30.88/31.68	校核洪峰流量/(m³/s)	57700/60300
设计洪水位（$P=1\%$）/m	28.21	设计洪峰流量/(m³/s)	48700
正常蓄水位/m	20.6	总库容/亿 m³	56
汛限水位/m	18.6	调洪库容/亿 m³	—
死水位/m	18.6	调节库容/亿 m³	1.33
装机容量/kW	63万	死库容/亿 m³	15.2
多年平均发电量/亿 kW·h	30.15/30.97	机组总过水能力/(m³/s)	7980

注　校核洪水标准为"混凝土坝/土坝（$P=0.1/0.05\%$）"，多年平均发电量以龙滩水库375/400m水位计。

长洲水利枢纽的控股单位是中国电力投资集团南方电力有限公司，2003年12月正式宣布项目启动，2007年8月下闸蓄水，2007年年底首批机组投产发电，2009年10月15台机组全部投运。长洲水库大坝如图2-6所示。

图2-6 长洲水库大坝

▶▶▶ 2.4 河口区基本情况

珠江三角洲是复合三角洲，由西北江三角洲、东江三角洲和入注三角洲诸河组成，集水面积26820km²，其中河网区面积9750km²。三角洲河网区内河道纵横交错，其中西江、北江水道相互贯通，占三角洲河网区面积的85.8%，主要水道近百条，总长约1600km，河网密度为0.81km/km²。东江三角洲隔狮子洋与西北江三角洲相望，基本上自成一体，集雨面积1380km²，仅占三角洲河网区面积的14.2%，主要水道5条，总长约138km，河网密度为0.88km/km²。

西江、北江、东江流经三角洲后经八大口门出海，形成"三江汇流、八口入海"独特的水系结构和口门形态。珠江河口八大口门按地理分布情况分为东西两部分，东四口门为虎门、蕉门、洪奇门和横门，西四口门为磨刀门、鸡啼门、虎跳门和崖门。八大口门动力特性不尽相同，泄洪纳潮情况不一，使得径潮相互作用和相互影响十分复杂，是世界上水动动力条件最复杂的河口之一。珠江河口区水系分布图如图2-7所示。

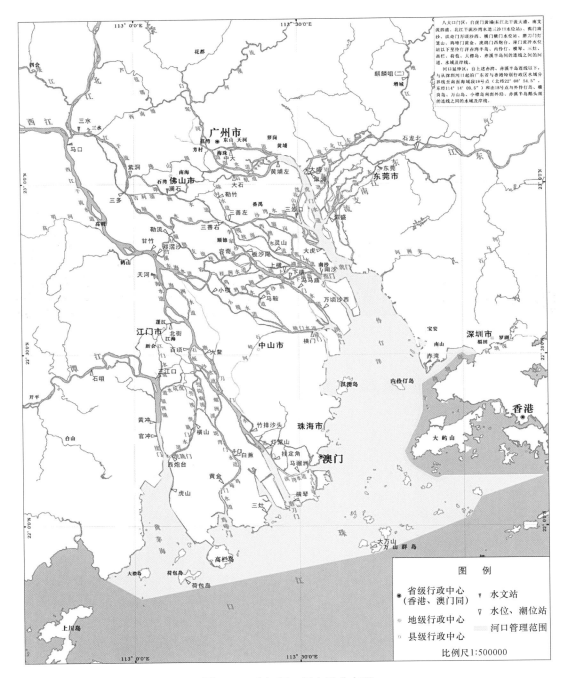

图 2-7 珠江河口区水系分布图

第3章

流域水文情势变化

西江流域梯级水电站的快速开发和建设，导致流域河道上的洪水演进特性发生了显著的变化。各梯级水库水位衔接，河道渠化，使流域洪水传播特性发生改变，主要表现为洪水传播时间减少，在一定程度上壅高洪峰流量。

在20世纪50年代以前多无堤防保护，洪水顺河道天然宣泄，无堤防约束，洪水出槽导致较大淹没损失。20世纪50年代中后期，堤防开始新建，特别是"94·6""96·8"洪水以后，堤防进一步加高加强。堤防对洪水的影响有"两面性"，在防止洪水出槽的同时，又蓄滞无控区间的来水。因为洪水的归槽作用，直接使用以往资料分析计算工程设计洪水，已不能真实反映目前河道的洪水情况。

由于全球气候变化、海平面上升、枯水期来水减少、河道无序采砂、下游贮水能力不足等原因，珠江河口地区咸潮上溯现象日益严重，澳门及珠海等地供水形势十分严峻。

▶▶▶ 3.1 梯级水库对洪峰传播时间的影响

3.1.1 洪水传播时间变化

表3-1给出了西江干流主要梯级水电站的相关指标，其中各梯级水电站开工、蓄水、投产等特征时间对统计洪水的时段划分提供了重要参考。

表 3-1　　　　　　　　　　红水河研究河段主要梯级水电站相关指标

水库名称	开工时间 /年-月-日	水库蓄水时间 /年-月-日	首台机组运行时间 /年-月	投产时间 /年-月
龙滩	2001-7-1	2006-9-30	2007-5	2009-12
岩滩	1985-3	1992-3	1992-9	1995-6
大化	1975-10	—	1983-12	1985-6
百龙滩	1993-2	1996-5	1996-2	1999-5
乐滩	2001-11	2006-1-7	2004-12	2005-12
桥巩	2005-11	2008-4	2008-4	2009-12

从表 3-1 中可以看出，红水河天峨—迁江河段除岩滩水库具有一定的调蓄能力外，其余水库如大化、百龙滩、乐滩、桥巩均为日调节或无调节水库。因此将所有统计的场次洪水以岩滩水库蓄水时间为节点划分为岩滩建库前（1971—1991年）和岩滩建库后（1992—2007年）两个时段，分别统计各量级洪水洪峰的传播时间。其中岩滩水库建库前共统计洪峰 203 个，建库后洪峰 160 个，得出各场次洪水不同洪峰量级分布情况及平均传播时间见表 3-2 和图 3-1。通过对比不同量级洪水洪峰传播时间的变化可分析岩滩水库建设的影响。

表 3-2　　　　　　　　　建库前后不同洪峰量级洪峰传播时间统计表

洪水量级 /(m³/s)	建 库 前		建 库 后		时间变化/h
	洪峰个数	传播时间/h	洪峰个数	传播时间/h	
<1000	2	69.0	1	18.5	50.5
1000~1999	18	56.2	7	28.8	27.4
2000~2999	30	54.9	22	32.4	22.6
3000~3999	35	45.4	22	31.4	13.9
4000~4999	33	46.4	29	38.1	8.3
5000~5999	19	46.4	29	38.1	8.3
6000~6999	14	45.1	13	38.7	6.5
7000~7999	14	41.1	10	37.0	4.1
8000~8999	12	39.6	11	36.0	3.6
9000~9999	9	44.6	3	42.2	2.4
10000~12000	8	34.4	9	38.9	-4.5
>12000	14	41.9	5	38.0	3.9
总计	203	—	160	—	—
平均	—	47.1	—	34.6	—

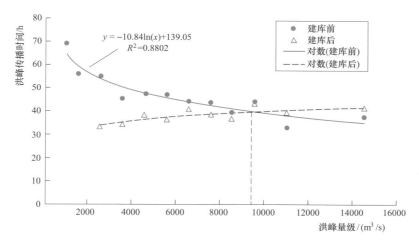

图 3-1　各量级洪水水库建设前后平均传播时间变化

图 3-1 中，实心圆点表示水库建设前（1971—1983 年）不同洪峰量级洪水与对应洪峰平均传播时间的关系，可以看出随着洪峰量级的增加，洪峰传播时间呈缩短的趋势，二者相关关系函数为对数型，相关系数 R 达 0.94。空心三角"△"表示水库建设后（1984—2012 年）不同洪峰量级洪水与其平均的洪峰传播时间的关系，可以看出随着洪峰量级的增加，洪峰传播时间略有增加趋势，但洪峰传播时间变化并不明显，各量级洪峰传播时间相差不大。由此可见，水库建设后洪峰传播时间的变化趋势与水库建设前不同。从表 3-2 及图 3-1 也可以看出，对于较小量级的洪水，梯级电站建成之后平均传播时间较短，而建梯级电站之前较长；对于较大量级的洪水，电站修建前后平均洪峰传播时间相差不大，从统计资料来看其临界的洪峰量级大致为 9000～10000m³/s，大于这一量级的洪水在建库前后传播时间变化不大。

此外，图 3-1 中也可以分别对建库前后不同量级洪水的洪峰传播时间进行平均，其中建库前为 47.0h，建库后为 38.4h，反映出建库后洪峰传播时间比建库前缩短。

总的来看，不同量级洪水的洪峰传播时间变化幅度 Δt 可以反映出对洪峰传播时间的影响大小。Δt 采用洪峰传播时间的最大值除以均值，得出建库前 Δt 为 1.5，而建库后 Δt 为 1.1，可见梯级水电站建设后洪水传播时间变化幅度减小，即不同洪水量级的洪峰其传播时间差异减小。

统计中，水库建设后洪峰传播时间呈缩短趋势，这一方面是由于遇到上游较大洪水时，各电站闸门提前打开，造成洪峰出现时间提前；另一方面，由于水库建成后，河道内平均水深比原天然河道大，导致河道糙率减少，流速增加，洪水波在库区内传播比在天然河道下快[150]，这也是洪峰平均传播时间变短的原因之一。

场次洪水资料的统计分析表明梯级水库建设对洪水演进有明显的影响作用，对于较小量级的洪水，建库后洪峰平均传播时间较建库前有所缩短，而实测洪水资料显示建库后中小量级洪水出现的频率更加频繁，更加常态化，那么研究河段的洪水演进参数将怎样变化？是什么原因导致洪峰传播时间发生变化？以上两个基本问题则是本章关注的重点。本章先通过马斯京根法对建库前后的洪水演进进行计算，比较洪峰传播时间参数 K 在建库前后的变化情况，并结合研究河段重点水库——岩滩的运行调度情况来分析岩滩水库调度对洪水传播时间参数 K 的影响；其次，结合一维水动力学数学模型对建库前后的洪水演进进行计算，着重分析导致洪峰传播时间变化的原因。

3.1.2　水文学法的洪水演进计算

1. 马斯京根法基本原理

根据红水河水系特点和各梯级水电站的分布及调洪特性，马斯京根演算法基本计算公式为

$$Q_2 = C_0 I_2 + C_1 I_1 + C_2 Q_1$$

其中

$$C_0 = \frac{\Delta t/2 - Kx}{K - Kx + \Delta t/2}$$

$$C_1 = \frac{\Delta t/2 + Kx}{K - Kx + \Delta t/2}$$

$$C_2 = \frac{K - \Delta t/2 - Kx}{K - Kx + \Delta t/2}$$

$$\sum C_i = 1$$

式中：I_1、I_2 分别为时段初、末的河段入流量；Q_1、Q_2 分别为计算时段初、末的河段出流量；K 为蓄量常数；x 为流量比重因子；Δt 为计算时段步长。

对于一个河段，只要确定参数 K、x 值及选定演算时段 Δt 后，可以求出 C_0、C_1、C_2，根据上断面流量过程 $I(t)$ 及下断面起始流量计算出下断面的流量过程 $Q(t)$。

蓄量常数 K 等于河段相应蓄量 W 恒定流状态下的河段传播时间 τ_0，即 K 的物理概念，它反映了河道为恒定流时，河段蓄量的传播时间。显然 K 值随恒定流流量变化而变化，取 K 为常数是有误差的。

流量比重因子 x 是反映河段调蓄能力的一个指标，即反映洪水传播过程的坦化程度。当河段蓄水作用大时，x 值就小；当河段蓄水作用小时，x 值就大。一般 x 从上游向下游逐渐减小，为 0.2～0.45。x 取最大极限值为 0.5，此时上下游断面流量影响相等；若取 $\Delta t = K$，则演算得到的出流量过程等于相应的入流过程，表明传播流量不衰减，即为运动波解。一般情况下，x 在洪水涨落过程中基本稳定，x 对 K 值和流量演算结果的灵敏度不高，所以取 x 为常数可满足实际需要[151]。

计算时间步长 Δt 的选取，对马斯京根法的演算精度有一定影响。马斯京根法要求 K、x 为常量，且流量在计算时段内和河段内为直线分布。Δt 不能太长，保证 Δt 内 Q 的变化近于直线，计算中不漏掉洪峰流量。若上游在时段初出现洪峰，Δt 时段后洪峰出现在河段中，使河段的水面线呈上凸曲线，不符合在时段始末河段内的水面线接近于直线的要求，影响槽蓄曲线为线性的条件，使计算误差较大。Δt 也不可太小，否则计算量增大。

对于较长的河道进行洪水演进计算时常常采用马斯京根分段流量演算法。分段演算即根据区间支流分布特点及汇流等流时特征，将区间划分成若干单元，对各单元流

域水文模型进行产汇流计算，模型计算的流量为单元出口流量。将演算河段划分为 n 个单元河段，用马斯京根法连续进行 n 次计算。在实际应用中，20 世纪 70 年代之前由于计算机水平的限制，常用汇流系数直接推求出流过程。现在一般直接采用计算公式编程计算。

马斯京根分段连续演算的一般方法：河段划分为 n 个子河段，相应的参数为 K_i、x_i，时段为 Δt，河段数用 i 表示，$i=1$，2，3，$\cdots$，n，时段数用 j 表示，$j=1$，2，$\cdots$，m，其中 m 为总时段数。在每一个特定的子河段中，根据基本马斯京根法的流量演算公式单独进行计算，所得本段出流量作为紧邻河段下一时段入流量参与计算；对于整个河段流量演算，只需根据分段情况，从上断面入流量演算 n 次则可得到下断面出流量。

2. 数据收集和选取

本研究中已收集天峨、迁江两站洪水水文要素资料（洪水水位、流量），本章洪水演进分析主要选取典型年汛期为时间范围，以全年发生的所有洪水作为一个整体进行综合分析。

考虑红水河各梯级电站开工建设、水库蓄水、机组投产运行、特大洪水发生等因素，选取 1971 年、1988 年、1998 年、2002 年、2006 年、2007 年作为典型年（典型场次洪水）进行分析，并根据研究河段历史洪水发生特点和形成规律，主要以汛期的 5—9 月流量过程探讨洪水演进参数及变化规律。其中，1971 年梯级水电站尚未建设，反映了红水河未受水利工程影响的情况，以此分析河道天然条件下的洪水演进特征和规律，作为参照对电站建设后的变化进行比较分析；1988 年 8 月为研究河段设立水文站以来实测最大洪峰时间，其发生在第一座水电站大化电站建立后；1998 年为岩滩水电站运行后的典型年，且 1998 年西江流域有较大洪水发生；2002 年、2006 年、2007 年为研究河段近况，且又包括近期多个梯级水电站运行的时间节点。表 3－3 统计了本次研究选用年份的数据基本情况。

表 3－3　　　　　　　　　　　　洪水演进分析数据概况

典型年（典型场次洪水）	天峨站	迁江站	岩滩（入库）	岩滩（出库）	备　注
1971 年	5 月 1 日—9 月 30 日	5 月 13 日—9 月 30 日	—	—	未建梯级电站
1988 年	8 月 20 日—9 月 10 日	7 月 1 日—9 月 30 日	—	—	大化运行、特大洪水
1998 年	3 月 27 日—9 月 30 日	6 月 1 日—9 月 30 日	5 月 1 日—10 月 31 日	5 月 1 日—10 月 31 日	岩滩运行
2002 年	6 月 1 日—7 月 31 日	5 月 1 日—7 月 31 日	5 月 1 日—10 月 31 日	5 月 1 日—10 月 31 日	
2006 年	5 月 1 日—9 月 30 日	5 月 1 日—9 月 30 日	5 月 1 日—10 月 31 日	5 月 1 日—10 月 31 日	乐滩运行
2007 年	5 月 1 日—9 月 30 日	5 月 1 日—9 月 30 日	5 月 1 日—10 月 31 日	5 月 1 日—10 月 31 日	龙滩运行

3. 分析计算方案

由马斯京根演算法基本计算公式可知，河段下断面出流量是通过河段上下断面的

入流量及演算系数 C_0、C_1、C_2 推求，因此可通过上下游流量过程线试算推求演算系数值。演算系数是由 K、x 值和 Δt 等具有明确物理意义的参数确定，所以对于给定的河段一般情况下，演算步长 Δt 确定后，待确定参数就仅有蓄量常数 K 和流量比重因子 x，可分别从传播时间和洪水量级上拟合控制断面流量过程线，迭代试算推求相应参数值。

针对洪水演进参数中的蓄量常数 K 进行分析，探讨红水河不同时期洪水体现在传播时间上的变化。参数中流量比重因子 x 反映河槽对洪水的削峰作用，通过调整此参数可获得不同坦化程度下的出流过程，用于控制演算洪水的量级大小。

珠江流域防洪规划专题《珠江流域主要水文站设计洪水、设计潮位及水文—流量关系复核报告》中采用马斯京根试算法、最小二乘法对龙滩—梧州河段的洪水演进参数进行了深入分析，并通过水利部水利水电规划设计总院专家审查。《大藤峡水利枢纽工程初步设计报告》（2015 年）和《珠江流域综合规划修编水文成果复核专题报告》（2010 年）均对该河段洪水演进参数进行了复核分析，认为参数成果仍满足水文计算精度要求，参数成果见表 3-4。根据本次研究的需要，河段洪水演进参数采用防洪规划成果作为试算基础和比较依据。

表 3-4　　　　　　　　　　　龙滩—迁江洪水演进参数成果

参数名称	变量名	参数值	参数名称	变量名	参数值
计算时间步长	Δt	12	流量比重因子	x	0.2
蓄量常数	K	12	分段数	n	4

根据上述成果，龙滩—迁区间洪水使用马斯京根法演算，符合一般对 $K = N\Delta t$ 的假定处理，针对龙滩—迁江区间河道过长而不能使用单一参数来描述的问题，区间共划分成 4 段进行分段演算，各子河段参数 K、x 以及时间步长 Δt 取值均保持一致，则根据每段传播时间（或计算步长）的线性叠加可推算出龙滩—迁江段洪水传播时间约为 48h，大致与第 3 章场次洪水统计的洪峰传播时间一致。

本次研究范围为天峨—迁江区间，上断面天峨水文站位于龙滩电站下游约 15km 处，两断面相距较近且所占研究河段长度比例不大，与龙滩—迁江区间洪水传播时间相差较小，因此洪水演进参数采用《珠江流域防洪规划》（中水珠江规划勘测设计有限公司，2007）成果，先假定 $N=1$，即 $K=\Delta t$，以此为基准对参数 x、N 进行初始化，根据马斯京根演算法基本公式计算的演算系数，由上断面的入流量即可演算下断面出流量，通过定性和定量分析综合比较演算流量和实测流量拟合程度，最终经过多次试算调整 N 比较后选定最优值，对应的洪水传播时间为 $\Delta t N$。本研究所用试算法基本流程如图 3-2 所示。

4. 红水河马斯京根洪水演进计算参数变化

红水河天峨—迁江河段水能开发程度较高，到目前已建成梯级电站 5 座，各水库电站蓄水发电对水量的调节分配作用直接影响洪水演进，本章主要考虑水库影响的洪

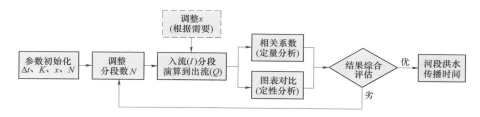

图 3-2 洪水演进参数试算法流程图

水演进参数变化分析。主要步骤为：选取典型年，以天峨、迁江两水文站为上下断面，假定各梯级电站的蓄水和排水都属于河道天然调节的情况，根据两站洪水过程，计算洪水演进参数，从而得出洪峰传播时间。

分别选取 1971 年、1988 年 8 月、1998 年、2002 年、2006 年，采用《珠江流域防洪规划》中龙滩—迁江洪水演进参数成果，将天峨流量演算到迁江，比较计算流量和实测流量过程线。为进一步分析洪水演进参数变化，以上述成果作为初始值试算调整洪水演进参数，计算步长 Δt 分别取 2h、3h、4h、6h、8h、12h、24h，河道分段数 N 分别取 1～24，经过组合可试算洪水传播时间为 2～576h 的洪水演进参数。通过对各典型年（典型场次洪水）计算洪水过程线与实测洪水过程线进行比较，以两者相关系数 R 衡量两者的拟合情况（表 3-5），并优选参数值。

表 3-5　　　　　　　　　　相关系数 R 分布表（$K=\Delta t$）

时间	计算步长 K/h	分　段　数　N												
		2	3	4	5	6	7	8	9	10	11	12	13	14
1971 年	2	0.841	0.852	0.862	0.872	0.881	0.891	0.900	0.909	0.917	0.925	0.932	0.939	0.945
	3	0.852	0.867	0.882	0.896	0.909	0.922	0.933	0.943	0.951	0.958	0.963	0.966	**0.968**
	4	0.863	0.883	0.902	0.919	0.934	0.946	0.956	0.963	0.967	**0.968**	0.966	0.960	0.952
	6	0.883	0.911	0.934	0.952	0.964	**0.968**	0.966	0.957	0.943	0.924	0.902	0.877	0.849
	8	0.903	0.935	0.957	**0.967**	0.966	0.954	0.933	0.905	0.871	0.835	0.797	0.758	0.720
	12	0.936	0.964	**0.966**	0.946	0.909	0.861	0.808	0.752	0.697	0.643	0.593	0.546	0.502
	24	**0.965**	0.918	0.830	0.728	0.629	0.540	0.463	0.399	0.346	0.304	0.273	0.251	0.238
1988 年 8 月	2	0.533	0.560	0.587	0.614	0.642	0.670	0.697	0.725	0.752	0.779	0.804	0.828	0.851
	3	0.561	0.602	0.644	0.687	0.729	0.769	0.808	0.843	0.875	0.903	0.927	0.946	0.961
	4	0.592	0.648	0.705	0.759	0.811	0.857	0.897	0.929	0.954	0.971	0.980	**0.983**	0.979
	6	0.648	0.734	0.813	0.880	0.932	0.967	0.985	**0.987**	0.977	0.955	0.923	0.885	0.842
	8	0.714	0.819	0.903	0.960	0.987	**0.989**	0.969	0.932	0.882	0.825	0.765	0.704	0.645
	12	0.818	0.934	**0.989**	0.987	0.943	0.871	0.785	0.697	0.612	0.534	0.462	0.395	0.331
	24	**0.985**	0.961	0.825	0.657	0.495	0.350	0.224	0.119	0.035	-0.030	-0.080	-0.117	-0.150

续表

时间	计算步长 K/h	分段数 N												
		2	3	4	5	6	7	8	9	10	11	12	13	14
1998 年	2	0.794	0.803	0.811	0.819	0.827	0.835	0.842	0.848	0.854	0.859	0.863	0.867	0.869
	3	0.814	0.825	0.837	0.847	0.856	0.864	0.870	0.874	0.876	**0.877**	0.876	0.873	0.869
	4	0.823	0.838	0.851	0.862	0.871	0.876	**0.878**	0.877	0.873	0.867	0.859	0.850	0.841
	6	0.838	0.858	0.871	**0.878**	0.877	0.871	0.861	0.849	0.835	0.821	0.807	0.794	0.782
	8	0.853	0.872	**0.879**	0.875	0.863	0.848	0.830	0.812	0.795	0.780	0.766	0.754	0.742
	12	0.871	**0.877**	0.865	0.844	0.819	0.796	0.774	0.756	0.739	0.723	0.709	0.695	0.682
	24	**0.863**	0.827	0.788	0.753	0.723	0.696	0.671	0.648	0.629	0.611	0.597	0.583	0.569
2002 年	2	0.794	0.807	0.819	0.831	0.843	0.854	0.865	0.875	0.885	0.893	0.899	0.904	0.908
	3	0.807	0.826	0.844	0.861	0.877	0.890	0.901	0.908	0.912	**0.913**	0.911	0.907	0.900
	4	0.822	0.846	0.869	0.888	0.902	0.911	**0.914**	0.913	0.907	0.897	0.885	0.870	0.854
	6	0.848	0.880	0.902	0.914	**0.914**	0.905	0.888	0.867	0.844	0.821	0.798	0.777	0.759
	8	0.872	0.904	**0.916**	0.911	0.892	0.866	0.837	0.808	0.781	0.758	0.736	0.715	0.694
	12	0.904	**0.915**	0.895	0.859	0.820	0.782	0.747	0.712	0.674	0.631	0.582	0.528	0.471
	24	**0.902**	0.843	0.772	0.694	0.602	0.499	0.393	0.294	0.206	0.129	0.062	0.002	−0.050
2006 年	2	0.828	0.838	0.847	0.856	0.866	0.875	0.883	0.891	0.897	0.903	0.907	0.909	**0.910**
	3	0.838	0.853	0.867	0.880	0.892	0.901	0.908	0.911	**0.911**	0.907	0.901	0.892	0.880
	4	0.850	0.869	0.886	0.900	0.909	**0.912**	0.910	0.902	0.890	0.873	0.853	0.831	0.807
	6	0.870	0.895	0.909	**0.912**	0.903	0.883	0.857	0.825	0.790	0.756	0.723	0.693	0.665
	8	0.889	0.910	**0.911**	0.893	0.860	0.820	0.776	0.734	0.695	0.661	0.631	0.606	0.584
	12	**0.911**	0.905	0.866	0.810	0.751	0.697	0.651	0.614	0.584	0.561	0.544	0.532	0.524
	24	0.861	0.764	0.670	0.600	0.553	0.525	0.509	0.498	0.486	0.470	0.453	0.435	0.419

表 3−5 中，相关系数 R 越大即计算值和实测值线性相关程度越高，从各典型年（典型场次洪水）的计算来看，洪水传播时间相差不大，但由于计算步长不同，相应划分的时段数也不同。如 1971 年计算洪水过程与实测洪水相关系数较高的洪水传播时间为 40～48h，计算步长可采用 3h、4h、6h、8h、12h、24h，而其相关系数最大时对应的划分时段数分别为 14、11、7、5、4、2。图 3−3 给出了 1971 年各试算洪水传播时间与其对应的相关系数 R 的关系，图中两者关系呈抛物线状，相关系数随着洪水传播时间增大而增大，当相关系数增大到一定峰值后开始随着洪水传播时间的增大而减小，相关系数峰值对应时间为 44h。

为方便比较马斯京根洪水演进参数的变化，本研究统一采用 4h 为计算步长，可得到各典型年（典型场次洪水）洪水过程计算的最优参数，见表 3−6。

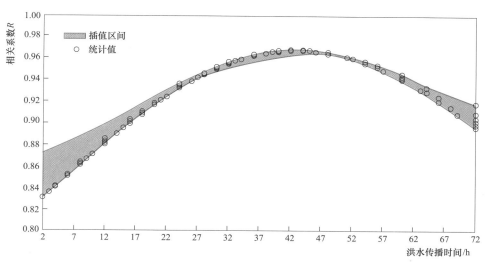

图 3-3　1971 年不同计算步长的洪水传播时间与其对应的相关系数图

表 3-6　　　　　　　　　　　　　　　洪水演进参数汇总表

典型年（典型场次洪水）	x	$\Delta t = K$	N	传播时间/h	R
1971 年	0.4	4	11	44	0.968
1988 年 8 月	0.4	4	13	52	0.983
1998 年	0.4	4	8	32	0.878
2002 年	0.4	4	8	32	0.914
2006 年	0.4	4	7	28	0.912
2007 年	0.4	4	7	28	—

采用表 3-6 的洪水演进参数成果进行洪水演进计算的结果见图 3-4～图 3-9。

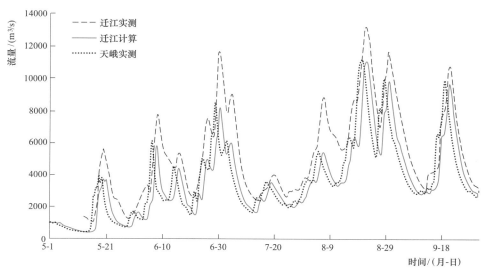

图 3-4　1971 年天峨—迁江马斯京根法演算洪水过程线（$\Delta t = 4$，$K = 4$，$x = 0.4$，$N = 11$）

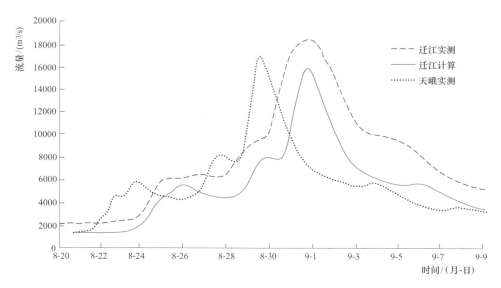

图 3－5　1988 年 8 月天峨—迁江马斯京根法演算洪水过程线（$\Delta t=4$，$K=4$，$x=0.4$，$N=13$）

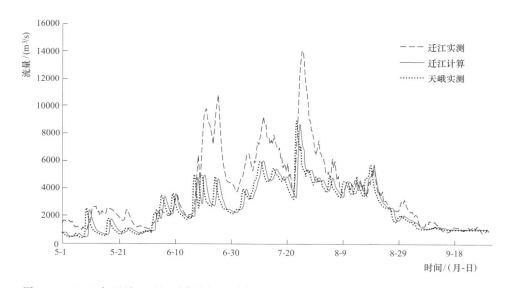

图 3－6　1998 年天峨—迁江马斯京根法演算洪水过程线（$\Delta t=4$，$K=4$，$x=0.4$，$N=8$）

　　表 3－6 中，天峨—迁江区间洪水传播时间有显著变化，1971 年为未建梯级水电站的年份，反映了红水河未受水库影响的情况，计算洪水传播时间为 44h，与《珠江流域防洪规划》中龙滩—迁江的洪水演进参数成果相近（48h）；1988 年 8 月特大洪水传播时间为 52h，与《珠江流域防洪规划》中龙滩—迁江的洪水演进参数成果相近（48h），此时研究河段已有大化电站运行投产，而大化水库调节库容仅有 0.39 亿 m³，属于日调节水库，因此从洪水传播时间上看大化水电站对洪水影响较小；1998 年和 2002 年，计算洪水传播时间为 32h，远小于《珠江流域防洪规划》中龙滩—迁江的洪水演进参数成果（48h），这主要是由于岩滩水库已投产运行，受水库调洪提前放空的

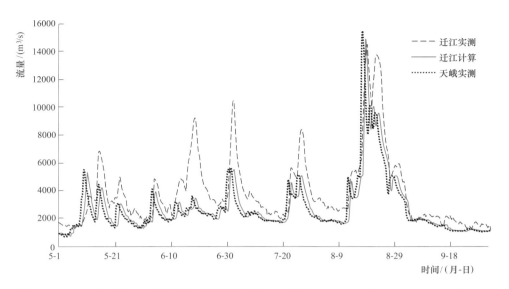

图 3-7 2002年天峨—迁江马斯京根法演算洪水过程线（$\Delta t=4$，$K=4$，$x=0.4$，$N=8$）

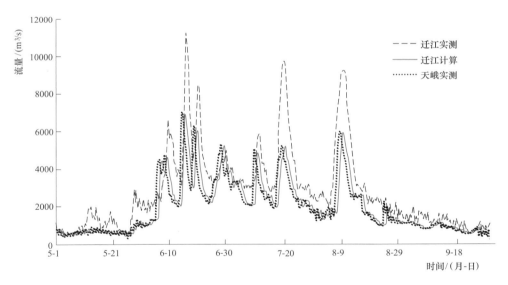

图 3-8 2006年天峨—迁江马斯京根法演算洪水过程线（$\Delta t=4$，$K=4$，$x=0.4$，$N=7$）

影响，根据上下控制断面统计得到洪水传播时间明显缩短至 32h；2006 年和 2007 年研究河段梯级水电站开发程度增大，洪水过程逐渐由天然河道调节转为防洪兴利调节，受各水库串联调度作用，洪水传播时间缩减为 28h。

3.1.3 水动力学法的洪水演进计算

1. 水动力学模型理论基础

洪水演进一般为明渠非恒定流，符合圣维南方程组，其基本控制方程由连续方程和运动方程组成：

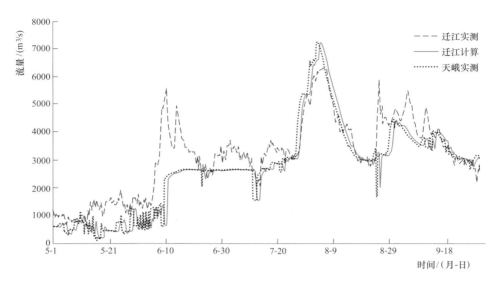

图 3-9　2007 年天峨—迁江马斯京根法演算洪水过程线（$\Delta t=4$，$K=4$，$x=0.4$，$N=7$）

$$\frac{\partial A}{\partial t}+\frac{\partial Q}{\partial L}=0$$

$$-\frac{\partial Z}{\partial L}=\frac{1}{g}\frac{\partial V}{\partial t}+\frac{V}{g}\frac{\partial V}{\partial L}+S_f$$

式中：t 为时间坐标；L 为空间坐标；Q 为流量；A 为过流断面面积；Z 为水位；g 为重力加速度；V 为断面流速；S_f 为河底比降。

采用 MIKE11 的核心模块 MIKE11 HD 进行水动力学模型计算，MIKE11 HD 使用 6 点 Abbott-lonescu 格式离散圣维南方程组，并运用追赶法求解。该离散方法的特点就是将河网离散为交替网格，在每一个网格节点按顺序交替计算水位和流量。

2. 岩滩水库对洪峰传播时间的影响

（1）水库蓄水对洪峰传播时间的影响。如前所述，岩滩水库具有季调节功能，其调节库容超过研究河段其他 4 座水库之和，是研究河段上库容最大的水库，因此洪水演进计算主要考虑岩滩水库的影响。

假定天峨—岩滩河段的河道断面为底宽 300m、边坡比为 2/3 的均匀梯形断面，底坡采用该河段的平均坡降 $i=1/5000$，建立天峨—岩滩河段的一维水动力学模型，该河段总长 150km，划分为 150 个断面，选用天峨站"710920"实测洪水过程作为典型洪水进行同倍比缩放进行洪水演进计算，计算的输入洪水过程最大洪峰分别为 2500m³/s、5000m³/s、8000m³/s、10000m³/s、12000m³/s，各种水深对应的洪峰传播时间计算结果见表 3-7 和图 3-10。

从表 3-7 和图 3-10 中可以看出，在水深较小时（可看作水库未建设之前的天然河道情况），天峨—岩滩河段的洪水传播时间约为 8～17h，并且随着洪水量级的增加，洪峰传播时间呈递减的趋势。而水深较大时（水库蓄水后），洪水传播时间明显缩短 7～15h，并且洪峰传播时间在各洪水量级变化并不明显，这与实测同场洪水资料统计结果相符。

表 3-7　　　　　　不同洪峰量级洪水在水库不同蓄水条件下洪峰传播时间　　　　　单位：h

洪峰量级 /(m³/s)	10m 水深	15m 水深	20m 水深	30m 水深	45m 水深	55m 水深	60m 水深
2500	17.2	14.6	11.7	5.8	2.6	2.2	2.0
5000	13.5	12.1	10.2	6.2	2.6	2.2	2.0
8000	11.4	10.5	9.3	6.2	2.6	2.2	2.0
10000	10.4	9.8	8.8	6.2	2.6	2.2	2.0
12000	9.7	9.2	8.4	6.2	2.6	2.2	2.0

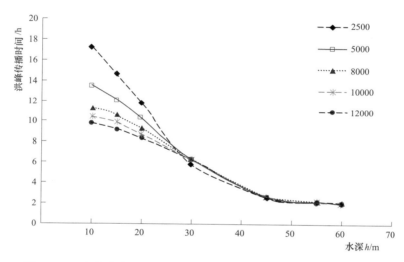

图 3-10　水库蓄水对天峨—岩滩不同量级洪水洪峰传播时间的影响

以 2000～3000m³/s 量级洪水的洪水过程为例（洪峰流量 2500m³/s），岩滩建库前的洪水水深一般为 15～20m，洪峰传播时间为 11.7～14.6h，而对于岩滩水库建立后的汛限水位工况及正常蓄水位工况，对应水深约 50～60m，洪峰传播时间为 2～2.5h。由此可见，水库蓄水后在汛限水位及正常蓄水位情况下，洪峰传播时间能缩短 9～12h。

同样的结果在陕西石泉、安康水电站，广西左江水电站以及江西的上犹江水电站也有报道。这主要是由于随着水库蓄水，库区平均水深比原天然河道大，洪水传播以天然河道的运动波为主的洪水波变为动力波为主的洪水波，从而使库区波速大大加快，汇流时间缩短，洪峰出现时间相应提前，这是洪水平均传播时间变短的原因之一。

（2）岩滩水库预泄对洪峰传播时间的影响。由前述分析可知，天峨—岩滩洪峰传播时间一般为 8～12h，这为预测预报岩滩洪峰峰现时间提供了有利条件，且天峨上游龙滩水电站建成后，更加大了其防洪保障，为岩滩水库预泄洪水错峰运行奠定了基础。图 3-11 给出了 2012 年 4 月天峨实测流量及岩滩出库流量过程，岩滩水库出库流量峰现时间与天峨实测流量峰现时间基本一致，反映了岩滩水库预泄调度情况。

对于 2000～3000m³/s 量级洪峰，岩滩水库在预泄洪峰调度的情况下将缩短龙滩—岩滩区间洪峰的传播时间，相比无水库时缩短 8～12h。

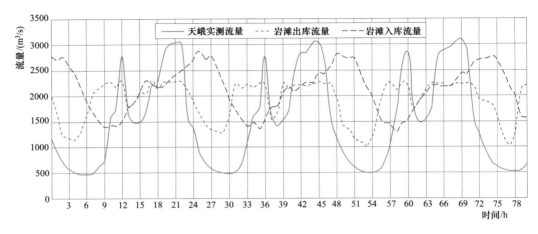

图 3-11　2012 年 4 月天峨、岩滩实测流量过程

▶▶▶ 3.2　洪水归槽作用下的设计洪水

3.2.1　堤防建设的洪水归槽效应

西江是珠江的主流，防洪问题突出。西江最大的两条支流郁江、柳江汇入干流后，历史上是通过浔江两岸和红水河、柳江、黔江三江汇流地带这两个天然洪泛区对洪水进行调蓄；桂江、贺江汇入干流后，洪水由西江两岸洪泛区进行调蓄。

20 世纪 50 年代中期以前郁江、浔江及西江干流沿岸的部分河段多为洪泛区，少有堤防。新中国成立以来，随着防洪工程的大量兴建，堤防工程的防洪能力不断提高，自 1956 年起，这些地区陆续开始修筑堤防，并逐年加高加固，致使遇一般洪水或较大洪水时原有的蓄滞洪水功能逐步丧失，洪水归槽下泄，洪峰增大十分明显。

1994 年 6 月和 7 月，西江流域连续发生两次大洪水，浔江、西江两岸损失惨重。灾后，针对堤防标准普遍偏低的状况，浔江和西江沿岸加大了堤防建设力度，防洪能力显著提高，同时也改变了原天然河道的洪水汇流特性，洪水宣泄和调蓄的空间越来越小，河道滞蓄洪水的能力随之下降，造成下游河段洪峰流量明显加大，洪水归槽现象进一步显现。

"98·6"大洪水过程中，沿江堤防很少溃决，洪水基本全归槽，武宣洪峰流量接近 10 年一遇，大湟江口洪峰流量（加甘王分流量）超天然情况的 20 年一遇，而梧州洪峰流量超天然情况的 100 年一遇。"98·6"洪水除桂江上游洪水量级较大（桂林站为 80 年一遇洪水）外，其他各主要支流洪水量级多为 5 年一遇～10 年一遇，梧州站洪水之所以异常偏大的原因就在于洪水归槽的影响。

"05·6"洪水在西江的主要一级支流和黔江以上干流,洪水量级均相当于5年一遇,干流的武宣水文站断面和大湟江口站断面的洪水量级均相当于15年一遇左右,但到梧州水文站断面,其最高洪水高达26.75m,比"98·6"洪水的最高洪水位高0.84m,达百年一遇水位。

"98·6""05·6"两场洪水的事实说明,浔江、西江河段的洪水归槽问题是存在的。

因为洪水的归槽作用,直接使用以往资料分析计算工程设计洪水,已不能真实反映目前河道的洪水情况。在这种背景下,对归槽洪水的分析及计算便较多地受到人们的关注。分析研究流域归槽洪水,对于合理确定西江下游段设计洪水,准确制定防洪减灾预案等问题意义重大。

总结国内对归槽洪水的研究现状可以看出,目前归槽洪水的研究多停留在定性层面,对归槽洪水的计算,基于水文学基础的马斯京根法由于简便易行,应用相对稍多。但对部分归槽洪水,马斯京根法无法直接使用。显然,基于水文学方法的归槽洪水计算已经无法完全满足实际需要,大力发展归槽、部分归槽洪水研究的新方法新技术势在必行。随着现有计算机技术的高速发展和数值计算技术的长足进步,一些优秀的水动力学模拟软件的开发和使用日渐成熟和普及,为归槽洪水研究中水力学模型的建立和应用提供了有力的技术支持和辅助条件。相比水文学方法,水力学方法具有适应性强、精度高,能够用于复杂水系及来水发生较大变化的情况等优势。因此,基于水动力学方法的归槽洪水研究,特别是对部分归槽洪水研究,是该研究方向上发展的新亮点。

3.2.2 基于水动力模型的归槽洪水计算

运用水动力学方法进行西江全归槽洪水的计算,通过建立一维非恒定流数学模型,采用有限体积求解算法,选用"98·6"洪水过程来率定全归槽洪水计算模型参数,用"05·6""97·7""02·6"洪水对模型进行验证。利用已经建立的全归槽洪水计算模型,结合现有的水位流量资料和对区间洪水的处理,合理确定模型的边界条件和初始条件,对1936—2008年间的10场典型洪水(1947年、1949年、1962年、1968年、1974年、1976年、1988年、1994年6月和7月、1996年)进行归槽分析计算。对比分析天然洪水与全归槽洪水的洪峰、洪量序列,建立归槽洪水—天然洪水洪峰流量、7d洪量、15d洪量的相关关系,并通过频率计算和相关关系分析,推求天然洪水、归槽洪水的设计洪峰、洪量。

一维洪水演进基本方程组可用圣维南方程组描述,其连续性方程和运动方程为

$$\frac{\partial Q}{\partial x} + \frac{\partial A}{\partial t} = q_l$$

$$\frac{\partial Q}{\partial t} + \frac{\partial}{\partial x}\left(\beta \frac{Q^2}{A}\right) + gA \frac{\partial Z}{\partial x} + g \frac{n^2 Q \mid Q \mid}{AR^{4/3}} = 0$$

式中:x 为流程,m;Q 为流量,m³/s;Z 为水位,m;g 为重力加速度;t 为时间,s;

q_l 为侧向单位长度入汇流量，m^2/s；A 为过水断面面积，m^2；R 为断面水力半径，m；β 为动能修正系数；n 为糙率系数。

全归槽洪水模型 "05·6""97·7""02·6" 洪水验证结果表明，各站洪峰水位计算值与实测值十分接近，误差小于 0.18m；各站洪峰流量计算值与实测值亦误差很小。各站实测与归槽流量过程吻合很好；整体上各站实测水位过程线比归槽水位过程线略偏高。全归槽洪水验证结果符合精度要求，全归槽计算模型可用于全归槽洪水计算。

根据现有的资料和相应的区间处理方法及模型输入格式要求，整理全归槽洪水计算模型的初始和边界输入文件，利用全归槽洪水模型进行计算，得到 10 场洪水大湟江口站（加甘王水道）、梧州站、高要站的全归槽洪水过程。

大湟江口站（加甘王水道）、梧州站、高要站全归槽洪水计算的 10 场洪水全归槽洪峰流量、7d 洪量、15d 洪量与实测洪峰流量、7d 洪量、15d 洪量的对比成果见表 3-8。

表 3-8　　　　大湟江口站（加甘王水道）、梧州站、高要站各年实测、归槽峰量

测　站	洪水场次	洪峰流量 /(m³/s)		7d 洪量 /亿 m³		45d 洪量 /亿 m³	
		实测 Q_m	归槽 Q_m	实测 W_7	归槽 W_7	实测 W_{15}	归槽 W_{15}
大湟江口站（加甘王水道）	1947 年 6 月	31400	34560	182	186.3	358	365.7
	1949 年 6 月	48800	54460	277	298.4	501	516.2
	1962 年 7 月	41400	43400	225	231.0	417	419.0
	1968 年 6 月	39000	42230	223	231.3	396	397.9
	1974 年 7 月 20 日	34000	35170	203	202.3	393	393.2
	1974 年 7 月 27 日	37200	37200	—	—	—	—
	1976 年 7 月	42000	44540	229	239.2	344	350.4
	1988 年 9 月	45400	45880	235	236.7	378	385.3
	1994 年 6 月	48000	48000	243	240.4	379	368.8
	1994 年 7 月	39200	39260	192	191.3	348	348.1
	1996 年 7 月	45500	45660	213	213.6	326	328.4
梧州站	1947 年 6 月	39700	44480	233	247.3	473	478.2
	1949 年 6 月	48900	57810	290	333.4	564	594.9
	1962 年 7 月	39800	44600	233	253.0	445	453.0
	1968 年 6 月	38900	42390	229	243.3	431	437.5
	1974 年 7 月 20 日	37900	41130	217	224.8	431	436.6
	1974 年 7 月 27 日	37400	39400	—	—	—	—
	1976 年 7 月	42400	47310	242	260.5	379	386.4
	1988 年 9 月	42500	45960	242	249.4	408	412.1
	1994 年 6 月	49200	56340	246	286.4	419	430.0
	1994 年 7 月	38400	40340	213	218.5	399	401.6
	1996 年 7 月	39800	43550	205	215.7	339	342.2

续表

测 站	洪水场次	洪峰流量 /(m³/s)		7d 洪量 /亿 m³		45d 洪量 /亿 m³	
		实测 Q_m	归槽 Q_m	实测 W_7	归槽 W_7	实测 W_{15}	归槽 W_{15}
高要站	1947 年 6 月	36900	42070	218	235.5	444	454.7
	1949 年 6 月	49200	57630	290	326.8	562	587.2
	1962 年 7 月	43200	45600	245	261.0	467	474.0
	1968 年 6 月	42600	46120	250	266.6	483	486.4
	1974 年 7 月 20 日	39300	41600	232	232.3	459	457.3
	1974 年 7 月 27 日	40700	40700	—	—	—	—
	1976 年 7 月	47200	49200	266	271.1	419	414.6
	1988 年 9 月	44800	46210	252	254.2	424	424.4
	1994 年 6 月	48700	56910	263	294.3	452	464.2
	1994 年 7 月	45200	47720	238	253.5	433	451.5
	1996 年 7 月	43500	44360	216	217.3	357	351.3

3.2.3 全归槽与部分归槽设计洪水复核

根据大湟江口站（加甘王水道）、梧州站、高要站 10 场洪水的归槽计算成果，建立归槽—天然洪水的洪峰流量相关关系，如图 3-12 所示。

同样建立大湟江口站（加甘王水道）、梧州站、高要站归槽—天然洪水的洪量相关关系。归槽—天然的相关关系见表 3-9。

表 3-9 归槽—天然洪水峰量相关关系

项 目	Q_m		W_7		W_{15}	
	A	B	A	B	A	B
大湟江口站（加甘王水道）	1.0877	−2174	1.0870	−13.84	1.0474	−15.76
梧州站	1.3960	−12437	1.2893	−51.27	1.0692	−22.47
高要站	1.3553	−12334	1.0293	−41.70	1.0692	−25.30
公式	$Q_归 = AQ_d + B$		$W_{7归} = AW_{7d} + B$		$W_{15归} = AW_{15d} + B$	

注 各站公式适用范围为大于本站实测设计洪水 5 年一遇以上的洪水。

全归槽洪水的洪水过程和设计洪水的推求，都是在假定西江堤防能够抵御任何频率洪水的情况下求得的，即所有大小不同的洪水在从上到下传播的过程中，全部被堤防束缚在河道内，在此假定的理想条件下的洪水过程为全归槽洪水，若将所有发生的洪水还原为此完全归槽的条件下进行频率计算分析，可得全归槽洪水的设计洪水成果。

频率计算法推求归槽洪水的设计洪水，是将上述 10 年出槽洪水的归槽计算值替换各自年份的实测值，并用相关关系将其他大于 5 年一遇的出槽洪水的洪峰流量值也推算为归槽值，构成归槽洪水序列，利用频率计算方法推求大湟江口站（加甘王水道）、

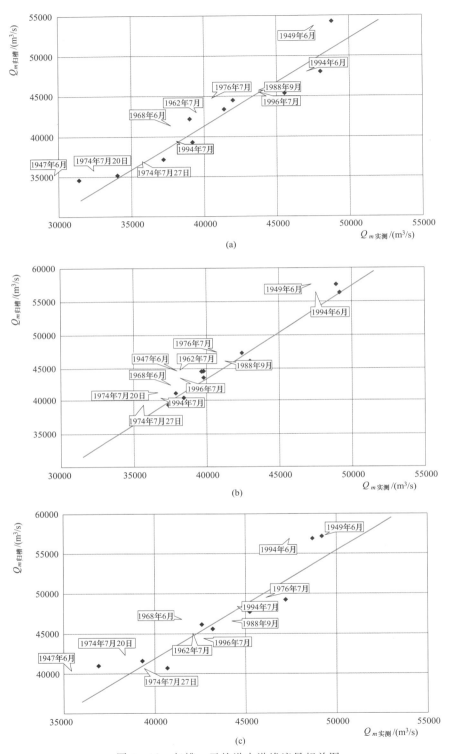

图 3-12 归槽—天然洪水洪峰流量相关图

（a）大湟江口站（加甘王水道）；（b）梧州站；（c）高要站

梧州站的全归槽设计洪峰洪量。

相关分析计算法推求归槽洪水的设计洪水，大湟江口站（加甘王水道）、梧州站的归槽设计洪水，是采用天然设计峰量，按归槽—天然洪水峰量相关关系推求。高要站的归槽设计洪水，根据 1958—2008 年（去掉 1962 年、1968 年、1974 年、1976 年、1988 年、1994 年、1996 年等出槽年份）梧州站与高要站实测归槽年份洪水的洪峰洪量建立相关关系，由梧州站归槽设计洪水成果查出梧州站—高要站归槽洪水的洪峰洪量相关关系得到高要站归槽设计洪水成果。

部分归槽设计洪水采用了以下方法进行推求，并得到相应成果。

（1）大湟江口站（加甘王水道）。部分归槽情况下的设计洪水由大湟江口站 50 年一遇天然设计洪水峰、量值与全归槽 10 年一遇设计值直线内插求得。

（2）梧州站。按溃堤面积占总面积的百分比计算相应的削减流量（洪量），用归槽设计值减去削减值得到部分归槽设计值，即

$$Q^p_{部分归槽} = Q^p_{归槽} - \frac{F^p_{溃堤面积}}{F_{总面积}}(Q^p_{归槽} - Q^p_{实测})$$

各代表断面下各级堤围保护面积可从统计数据查得。根据堤顶高程对各级频率下的堤围溃决情况进行判别，统计溃堤面积及占总面积的百分比也从统计数据查得。

（3）高要站。梧州站与下游高要站的关系比较稳定，通过梧州站与高要站洪峰、洪量相关关系，由梧州站部分归槽设计洪水推求高要站的部分归槽设计洪水。

采用上述方法得到的各站全归槽、部分归槽设计洪水成果分别见表 3-10、表3-11。

表 3-10　　　大湟江口站（加甘王水道）、梧州站、高要站全归槽设计洪水成果

控制站	项　目	各级频率设计值				
		1%	2%	3.33%	5%	10%
大湟江口站（加甘王水道）	Q_m			48700	46300	42100
	W_{7d}			259	245	220
	W_{15d}			452	429	388
梧州站	Q_m	61800	57500	54300	51500	46500
	W_{7d}	343	317	298	283	253
	W_{15d}	610	568	534	507	457
高要站	Q_m	61900	57700	54500	51700	46700
	W_{7d}	347	321	302	286	256
	W_{15d}	614	571	537	510	459
大湟江口站（加甘王水道）	Q_m			48500	46100	41800
	W_{7d}			258	245	220
	W_{15d}			450	428	388

续表

控制站	项 目	各 级 频 率 设 计 值				
		1%	2%	3.33%	5%	10%
梧州站	Q_m	61700	57300	54000	51200	46200
	W_{7d}	342	317	297	281	252
	W_{15d}	619	574	539	511	460
高要站	Q_m	61800	57500	54200	51400	46400
	W_{7d}	346	321	300	284	255
	W_{15d}	623	577	542	514	463

注 1. 高要站全归槽设计成果为根据梧州站相关分析计算的设计成果，再通过梧州—高要站归槽洪水相关关系推求。

2. 高要站全归槽设计成果为根据梧州站频率计算的设计成果，再通过梧州—高要站归槽洪水相关关系推求。

表 3 - 11　　**大湟江口站（加甘王水道）、梧州站、高要站部分归槽设计洪水成果**

控制站	项 目	各 级 频 率 设 计 值				
		1%	2%	3.33%	5%	10%
大湟江口站（加甘王水道）	Q_m			47200	45400	41800
	W_{7d}			254	242	220
	W_{15d}			449	428	388
梧州站	Q_m	53300	51100	49300	47700	46200
	W_{7d}	306	290	274	267	252
	W_{15d}	592	555	530	501	460
高要站	Q_m	53500	51300	49500	47900	46400
	W_{7d}	310	293	277	270	255
	W_{15d}	596	558	532	504	463

▶▶▶ 3.3　河口区咸潮上溯

3.3.1　河口咸潮活动趋势

珠江三角洲河道纵横交错，受径流和潮流共同影响，水流此消彼长。当高盐水团随涨潮流沿着河口的潮汐通道向上推进时，盐水扩散、咸淡水混合造成上游河道水体变咸，形成咸潮。咸潮是河口地区一种特有的季候性自然现象，同时也是一种自然灾害。

20 世纪 60—80 年代，磨刀门、虎门、蕉门、洪奇门、横门的咸潮影响明显减弱，鸡啼门、虎跳门、崖门的咸潮影响略有减弱，咸界逐渐下移。图 3 - 13 是 20 世纪 60—80 年代磨刀门、蕉门咸情变化情况。

改革开放之后，随着经济发展、城镇化水平提高，大幅度的采砂引起河床急剧变化，珠江三角洲纳潮量迅速增大，潮汐动力加强，这种趋势逐渐抵消并超过了由于联围筑闸和河口自然淤积延伸导致的潮汐动力减弱趋势，咸潮强度逐渐由减弱转至增强。

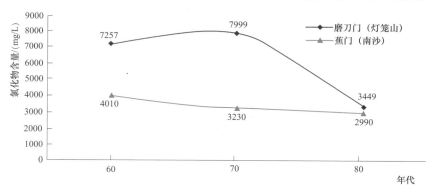

图3-13 20世纪60—80年代磨刀门、蕉门咸情变化趋势

进入21世纪以来，受2002年后连续6年枯季干旱、地形演变使潮汐动力增强等因素的影响，咸潮强度急剧增强，咸界明显上移，危害越来越大。图3-14为1998—2010年各枯水期磨刀门水道咸界统计图。其中2002年最大咸界在磨刀门的挂定角断面，2010年最大咸界已到挂定角断面以上25km处。图3-15为2000—2010年枯水期平岗泵站超标时数统计图情况。其中2000—2005年，平岗泵站咸潮呈显著增强趋势（2002—2003年枯季咸潮最弱，之后枯季咸潮逐渐增强）；2005—2006年枯季平岗泵站含氯度超标达到历史最高的1602h。

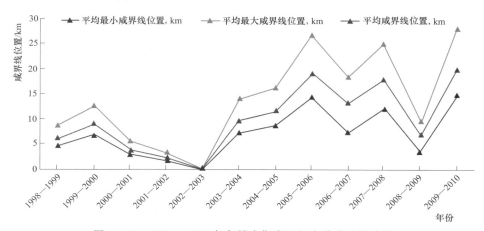

图3-14 1998—2010年各枯水期磨刀门水道咸界统计图

3.3.2 咸潮上溯影响

20世纪80年代以前，珠江三角洲受咸潮危害最突出的是农业。珠江三角洲沿海经常受咸害的农田有68万亩，遇大旱年咸害更加严重。如1955年春旱，盐水上溯和内渗，滨海地带受咸面积达138万亩之多；1964年春，由于盐水上涌，滨海地带当年曾插秧4次。位于鸡啼门的斗门县（现为珠海市斗门区），常年受咸达7个多月，严重

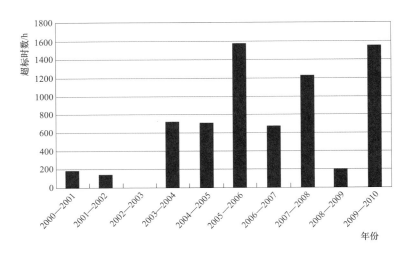

图 3-15　2000—2010 年枯水期平岗泵站超标时数统计图

年份达 9 个月。经常受咸的农田主要分布在番禺、东莞、中山、新会、珠海等地。

　　20 世纪 80 年代以来，随着珠江三角洲城市化进程的加速发展，农业用地大幅减少，受咸潮影响的主要对象已转为工业用水及城市生活水。如 1998 年 10 月至 1999 年 4 月间，珠海市居民有相当长时间用的是"带咸"的自来水。2004 年 10 月，咸潮影响比以往严重。以磨刀门水道为原水的各水厂供水含氯度经常高达 800mg/L。近年来，西江、北江持续干旱，上游来水偏枯，河口咸潮上溯增强，影响范围扩大到广州、东莞、中山的大部分地区，甚至佛山的南海区也受到影响，区域影响人口近 1500 万人，并已严重影响澳门特别行政区和珠海市的市民生活和社会安定。

　　2004 年以来，珠江流域干旱灾害频繁，咸潮影响范围增大。随着 2005 年和 2006 年枯季珠江压咸补淡应急调水，2006—2007 年枯季起珠江枯季水量统一调度后，咸潮对供水影响得到有效缓解，珠海和澳门等地也没再出现超标供水的现象。

3.3.3　河口抑咸对策

1. 大型水资源配置工程建设

　　珠江流域枯水期径流量占全年的 13%～36%，最枯 3 个月（12 月至次年 2 月）的水量仅占年水量的 8.8%，流域内水资源时间分布不均。同时，流域内各类蓄水工程（不包括纯发电大型水库）的总调节库容为 256 亿 m^3，仅占水资源总量的 7.6%，低于全国 12% 的平均值，径流自调节能力不足。

　　目前比较可行的大型水资源配置工程建设包括大藤峡水库、竹银水库以及鹤洲南水库的建设。

　　大藤峡水库是西江上中游离三角洲最近的骨干水库，除可调控西江洪水，保障西江中下游的防洪安全，大藤峡水库距三角洲仅 300km，水流演进仅需 2～3d，并有 15 亿 m^3 的调节库容，在珠江河口咸潮上溯严重或溪江中下游发生突发性水污染事故时，可泄水压咸或冲污，对保障珠江三角洲的供水安全及防治咸潮灾害有重要作用。大藤峡补偿调节后，可增加思贤滘 $520\sim580\mathrm{m^3/s}$ 流量，可使三角洲咸潮影响范围下移 $10\sim20\mathrm{km}$。

竹银水库位于珠海市斗门区白蕉镇，珠江三角洲磨刀门水道右岸，由新建竹银水库、扩建月坑水库以及连接隧洞、泵站、输水管道等组成。工程水库总库容4333万 $\mathrm{m^3}$，工程设计供水保障率97%。

鹤洲南水库位于磨刀门水道与白龙河水道之间，鹤洲岛以南，横洲岛以北，面积约 $26.5\mathrm{km^2}$，现在围内主要从事水产养殖及捕捞鱼虾。规划鹤洲南水库库区面积为39807亩，取水能力70万 $\mathrm{m^3/d}$，相应库容6150万 $\mathrm{m^3}$，调节库容4900万 $\mathrm{m^3}$。

2. 流域水资源统一调度

2004年以来，西江、北江流域枯水期连续干旱，相当于10年一遇的枯水年，最枯月平均流量仅 $1580\sim2090\mathrm{m^3/s}$，2006年2月最枯10d平均流量仅 $1330\mathrm{m^3/s}$，只相当于压咸所需流量的52%。由于压咸的径流动力不足，导致咸潮上溯增强、影响频繁。由于三角洲多数取水口位于各出海口道的近海段，澳门、珠海、广州、中山的取水口容易受到咸潮影响，尤以澳门、珠海为突出。最严重的2005—2006年枯水期，中山全禄水厂出现24h超标，广州番禺沙湾水厂出现12h超标；澳门、珠海挂定角引水闸、广昌泵站在枯水期几近瘫痪，用于应急取水的裕洲泵站因取水水闸连续99d咸度超标不能取水。2004年秋末，珠江流域旱情严重，上游来水减少，致使珠江三角洲地区咸潮沿河道上溯，澳门、珠海、中山、广州、香港、深圳相继出现饮水紧张局面。珠三角地区咸潮影响为20年来最为严重的一年，粤、港、澳等地的供水安全受到严重威胁，受影响人口超过1500万人。

国务院领导多次作出批示，国家防总从2005年起连续多次批准实施了珠江压咸补淡调水，缓解了澳门、珠海及珠江三角洲地区供水紧张的局面。多次的统一调度已初步总结出一套核心调度方法，经实际工作验证这套方法是科学而行之有效的。首先调水的基础是对来水进行预测，目前预测部门按照"月修正、旬滚动、周会商、日跟踪"的工作模式，随时根据上游降雨的多少对预测成果进行实时修正，将水情预测精确进度提高到"日"，为补水调度提供技术依据；其次是在水情预报准确的基础上，由国家防总批准后，对骨干水库采取"前蓄后补"的水量调度方式。通过限制水电站出力，缓解骨干水库蓄水的快速回落，为后期集中补水储备更多的水资源。另外西江上的龙滩水库、岩滩水库、长洲水库是枯水期调度的关键。目前主要利用上游龙滩水库、岩滩水库对长洲水库适时补库，发挥长洲水库距下游近、调度灵活、对电网干扰小、具有一定调节库容的优势，将长洲水库作为调度节点对下游进行精细调度。在具备精细调度的条件下，掌握咸潮上溯的自然周期，将压咸时机精确到"时"。利用珠江河口潮汐规律顺势而为，避开外海上溯潮动力，在涨潮前与落潮中调水压咸，坚持采用"避涨压退"的调度方式压制咸潮，充分利用有限的水资源。随着工作经验的积累，目前还发展出"动态控制""打头压尾"和"上下联动"关键调度技术等一套先进的流域调度理念，使珠江流域水量统一调度更具规模化、规范化和程序化，使压咸效果更精确化、合理化。

特别 2006 年龙滩水库蓄水后，通过西江干流水库联合调度，对沿线水库依次"补水"，最终通过长洲水利枢纽实现对下游控制断面的按需、按时补水的目的。受益于骨干水库的前期蓄水，充分利用骨干水库以丰补枯的调节能力，天生桥二级水电站、平班水电站、大化水电站、百龙滩水电站、乐滩水电站等日调节电站也增加了调度期发电量。

3. 水库—闸泵群联合调度工程建设

从珠江三角洲区域内受咸潮影响的主要城市来看，珠海、中山、澳门等城市水源地过于集中，咸潮往往造成严重的灾害，难以自救。珠江三角洲河口联围内河涌密集，具有可观的调蓄能力。可利用河网区河涌水系现有的水闸、泵站等水利设施，通过闸泵群联合调度技术手段，实现淡水资源在河网区调蓄和再分配。

如中山市中顺大围内河网水系密布，区域具有一定的调蓄能力，而且联围内闸、泵众多，为水力调度调控提供了便利的条件；同时由于中顺大围濒临的磨刀门水道咸潮上溯严重，中山和珠海部分地区，尤其是澳门受咸潮影响较大，缓解这些地区的咸潮威胁具有极其重要的经济和社会意义。

流域综合利用需求

水利工程应贯彻综合利用、综合治理的原则。水利工程可能负担的任务包括防洪、发电、灌溉、航运、供水、水质改善等。凡负担上述任务两种或两种以上的，均为综合利用工程。在确保安全的前提下，尽可能地考虑防洪与兴利、兴利各部门之间的结合，尽量少弃水，做到一水多用。综合利用工程各用水部门有各自的用水需求，这些调度需求直接有相互适应的一面，也有互相矛盾的一面。

按时段来分，调度需求分为汛期和枯水期，具体来说汛期的需求分析主要针对控制断面的防洪任务，也就是根据对下游控制区域河段防洪规划和主要保护对象的综合分析，提出各个控制区域关键断面防洪控制流量；枯水期则提出水库下游各控制区域生活、生产、生态用水以及发电、航运用水的需求量，进而提出各个控制区域关键断面控制流量。按区域来分，可分为干流河道的调度需求和河网区的调度需求。

▶▶▶ 4.1 汛期防洪需求

4.1.1 西江洪水灾害

洪水是珠江流域危害较大的自然灾害，受洪水威胁最严重的地区主要分布在中下游河谷平原和三角洲。由于西江流域幅员辽阔，地形和气候条件差异较大，洪灾的类型、严重程度有所不同，按影响范围，主要分为流域性洪灾和局部性洪灾两种类型。流域性洪灾多由大面积的暴雨形成，干支流洪水遭遇峰高量大、历时长时，常常给人口稠密、城镇集中、经济发达的中下游与西北江三角洲地区带来巨大灾害。局部性洪灾由局部性暴雨造成的山洪引起，多发生在干支流上游地区。

在新中国成立前，全流域尚无一座以防洪为主的水库工程，已建堤防工程绝大部分集中在珠江三角洲，且矮小单薄，普遍存在堤线紊乱、小围众多的问题，防洪能力十分有限。1915 年、1947 年和 1949 年洪水都给本地区造成了灾害性的损失。尤其是 1915 年洪水，珠江流域西江、北江中下游及三角洲同时发生大洪水，历时约 1 个月，洪水几乎冲决了西江、北江下游及三角洲地区的所有堤围，受灾面积 1.11 万 km^2，受灾人口 642 万人，死伤 10 余万人，广州市区受淹 7d。

新中国成立后，1968 年、1988 年、1994 年、1996 年、1998 年和 2005 年又有较大洪水发生，其中"98·6""05·6"洪水，梧州洪峰流量分别为 52900m^3/s、53700m^3/s，且出现归槽等新特性。1998 年 6 月中下旬，西江水系的红水河、柳江和桂江发生洪水，洪灾范围包括红柳黔地区、浔江、西江、桂江和西北江三角洲地区，受灾人口 1556 万人，受灾耕地 815 万亩；2005 年 6 月，珠江流域出现大范围持续性暴雨天气，局部地区出现高强度特大暴雨，不仅导致大江大河水位持续上涨，西北江洪水进入珠江三角洲，恰逢 19 年来最大天文大潮，造成了严重的洪涝灾害。两广受灾人口 1263 万人，受灾耕地 984 万亩。

4.1.2　防洪规划

新中国成立后，20 世纪 50 年代末和 80 年代中期，先后两次编制了珠江流域综合利用规划。80 年代编制的《珠江流域综合利用规划报告》于 1993 年经国务院批准，其中防洪规划提出了"堤库结合、以泄为主、泄蓄兼施"的方针，规划建设西北江中下游、东江中下游、郁江中下游和柳江中下游 4 个堤库结合的防洪工程体系。在 2007 年国务院批准的《珠江流域防洪规划》中，对上述防洪工程体系进行了补充和完善，近期（2015 年）、远期（2025 年）防洪能力具体如下。

根据 2007 年国务院批准的《珠江流域防洪规划》：

（1）近期（2015 年）以防御西江、东江 100 年一遇、北江 100 年一遇～300 年一遇的洪水为目标，确保中下游和三角洲重点防洪保护对象的安全。同时，逐步完善防洪非工程措施，尽量减少一般防洪保护区遭遇中小洪水、重点保护区遭遇超标准洪水可能造成的洪灾损失。2015 年后，使全国重点防洪城市广州市达到西江 100 年一遇、北江 300 年一遇洪水的标准，中心城区防洪、防潮堤可防御 200 年一遇的内洪和潮水；梧州市河西区、地级城市达到 50 年一遇、县级城市达到 20 年一遇的防洪标准，珠江三角洲重点保护区达到 50 年一遇～100 年一遇，其他重要保护区达到 20 年一遇的防洪标准。

（2）远期（2025 年）建成西江干流大藤峡水利枢纽及其他主要河流的控制性防洪枢纽，完成其他江海堤防的达标建设，形成较为完善的防洪工程体系，进一步做好重点城市及重点保护区的超标准洪水防御方案。使广州市具备防御西江、北江 1915 年型洪水的能力，梧州市城区达到 100 年一遇的防洪标准，西江、北江三角洲重点保护区达到防御 100 年一遇～200 年一遇洪水的防洪能力，珠江三角洲其他重要保护区达到 50 年一遇～100 年一遇的防洪标准。

4.1.3 防洪需求

根据《珠江流域防洪规划》，西江防洪工程体系主要由堤防和水库组成。目前，龙滩水库一期工程已经建成，500 年一遇洪水设计，10000 年一遇洪水校核，可有效调控红水河洪水；黔江大藤峡水库尚未开工建设，西江下游河段防洪的调控手段不多。

根据《珠江防汛抗旱职责制度预案方案汇编》下游洪水按河段、分量级调控。大湟江口水文站按 37.12m、38.16m 两级进行控制，其中 37.12m 为西江干流 10 年一遇设计水面线对应水位，38.16m 为西江干流 20 年一遇设计水面线对应水位。梧州水文站按 18.73m、25.23m、26.23m 三级进行控制，其中 18.73m 为龙滩调度时梧州水文站的控制流量 25000m³/s 对应的水位，25.23m 为梧州市河东区、藤县城区堤防设计水位，26.23m 为梧州市河西区和苍梧城区堤防设计水位。梧州水文站水位超过 26.23m 的洪水为超标准洪水。当大湟江口站水位超过 38.16m 或梧州水位超过 26.23m 时，上游龙滩按规定调洪，岩滩等水库在确保自身安全和库区安全的前提下发挥拦洪、错峰作用。

▶▶▶ 4.2 枯水期综合利用需求

4.2.1 咸潮灾害

河口盐水入侵是河口最主要动力过程之一，是河口区特有的自然现象，也是河口区的本质属性。咸潮活动主要影响因素包括上游径流量、河口地区河道分流比变化、海洋潮汐动力、河口及河道地形变化、风力、风向等。其中上游径流量的大小是咸潮上溯距离的最直接影响因素，实测资料表明，含氯度与上游来水量呈幂函数关系：上游径流量小时，测站的含氯度增大；上游径流量大时，测站的含氯度小。这就是咸潮多发生于枯水期的主要原因。

近几年来，珠江流域偏旱，枯水期干支流来水偏小。由于径流动力的减少导致咸潮上溯动力加强，咸潮活动频繁。同时，由于人口规模不断扩大、城市化率提高、经济快速发展，城镇与工业供水不断扩大，而利用当地水资源的调剂、保障咸潮影响期间供水的调节能力相对不足。因此，珠江河口地区的咸潮对城镇供水影响就显得更加突出。珠江河口咸潮严重影响珠三角千万群众正常的生产、生活秩序，妨碍经济社会的可持续发展，恶化水生态环境，珠江河口咸潮问题已经成为河口地区防洪、除涝、防台风之外的另一类严重自然灾害。

20 世纪 50 年代至 2000 年，珠江三角洲地区共发生较严重咸潮的年份有 7 年，即

1955 年、1960 年、1963 年、1970 年、1977 年、1993 年、1999 年。20 世纪 80 年代以前，咸潮危害最突出的是农业、对生活和工业供水的影响并不明显。随着城市化进程的加速，农业用地大幅减少，受咸潮影响的主要对象已转为工业用水及城市生活用水。

2000 年以来，咸潮更为频繁，枯水期咸潮对供水的影响有以下几个特点。

（1）持续时间长，干旱年份影响期长达三四个月，如 2005—2006 年枯水期，平岗泵站取水口含氯度总超标天数达 92d，最长连续 37d。

（2）影响范围大，咸潮问题不仅涉及澳门、珠海，而且影响到珠江三角洲大部分地区，影响供水人口千万以上。

（3）发生频率高，20 世纪 50 年代后共发生较严重咸潮的年份有 7 年，而 21 世纪初的 11 年中连续多次发生较严重的咸潮。

（4）危害程度深，2005 年、2006 年澳门、珠海的供水咸度曾达 400～800mg/L，最高超出国家饮用水标准（含氯度小于等于 250mg/L）3 倍多。

4.2.2　电力需求

南方电网由广东、广西、云南、贵州、海南五省（自治区）电网组成，网内现有水、煤、核、风、油、气、抽水蓄能等多种类型电源。其中大中型水电站均分布在西江流域上，骨干水库中除光照水库位于贵州境内、天生桥一级水库位于广西与贵州的界河上外，其余均在广西境内。

根据《大藤峡水利枢纽工程可行性研究报告》，截至 2010 年年底，广西境内装机容量为 25333MW，其中水电装机容量为 14939MW（含龙滩电站装机 7×700MW），火电装机容量为 10319MW，新能源装机 75MW。水电比重较大，由于水力资源在季节上分布不均匀，调节能力差的水电仍占一定的比重，易造成水电出力悬殊状况，电网调峰压力大。因此，枯水期的水量调度应尽量不破坏发电。

4.2.3　水资源配置相关规划

1.《保障澳门、珠海供水安全专项规划报告》（2008 年）

根据 2008 年 2 月国务院批准的《保障澳门、珠海供水安全专项规划报告》，保障澳门、珠海及西北江三角洲的供水安全，除了当地要加强节水减污、河道采砂管理、河道及河口管理外，还要从流域的层面，对水资源进行统筹考虑、合理配置，保证流域下游三角洲区域水环境要求的最小流量，保证下游区域经济社会的可持续发展。

西江上游的天生桥、龙滩、百色等水库调节库容大、调节性能好，分别是红水河、郁江的龙头水库，具有调蓄径流增加枯水期流量的作用。在西江已建大型骨干水库的基础上，开工建设具有水资源配置功能的大藤峡水利枢纽，形成以大藤峡作为水源水库、长洲控制西江流量，与北江的飞来峡联合调度，其他骨干水库为调配水库的水资源合理配置格局，保障河道内需水要求，保证梧州站最小流量达到 2100m³/s，石角站最小流量达到 200m³/s，有效缓解河口咸潮上溯的危险，改造枯水期西江、北江下游及三角洲水环境，保障西江经济走廊重要城市和澳门及珠江三角洲广州、佛山、中山、珠海等城市群的供水。

2.《珠江流域水资源综合规划》（2010 年）

2010 年 10 月，《珠江流域水资源综合规划》作为《全国水资源综合规划》的附件之一得到国务院批复。该规划在充分考虑不同地区水资源条件、利用水平、未来经济社会发展和技术进步等因素的基础上，科学提出了珠江流域今后一个时期水资源可持续利用的总体战略和目标。

（1）总体布局。根据珠江流域水资源及其开发利用特点，规划通过水资源的优化配置、合理开发、高效利用、有效保护和科学管理，逐步完善水资源配置体系，提高流域水资源调控能力，提高枯水期西江、北江和珠江三角洲生态用水保障程度，改善河道及河口生态环境，形成"上保、中调、下治"的流域水资源配置总体布局，满足社会经济可持续发展对水资源的合理需求，为东部地区率先基本实现现代化，中部地区经济崛起，西部地区脱贫致富提供水资源保障。

"上保"是指在珠江流域各大水系上游地区，着重加强水资源保护，保障清水水源；加强水土流失、石漠化及高原湖泊治理与修复，保护生态环境；加强中小型工程建设，保障城乡饮水安全。"中调"是指在珠江流域中游建设流域骨干调控工程，完善水资源工程布局，提高流域水资源调配能力，增强枯水期通航及生态流量的保证程度，保障重要经济区和重点缺水地区的供水安全。"下治"是指在珠江流域下游地区，重点加强水污染的防治，积极推进节水防污型社会建设；加强珠江河口咸害的治理，优化当地水资源配置工程布局，提高水资源调蓄能力，保护好水源，保障城市群供水安全。

（2）控制断面流量。规划研究制定了珠江流域和区域水资源配置方案，为了满足河道生态流量及通航流量的要求，规划提出河道枯水期生态流量控制指标。其中西江主要控制断面枯水期生态流量指标见表 4-1。

表 4-1 西江主要控制断面枯水期生态流量控制指标

河 流	节 点	控制流量/(m³/s)	河 流	节 点	控制流量/(m³/s)
红水河	蔗香	261	柳江	柳州	217
红水河	迁江	494	右江	西洋街	5
黔江	武宣	1071	郁江	贵港	400
西江	梧州	1800	桂江	马江	55
西江	高要	1980	贺江	信都	41
南盘江	江边街	37	贺江	南丰	61
都柳江	涌尾	34			

4.2.4 航运发展规划

西江水系流经云南、贵州、广西和广东四省区，水量丰沛、支流发达、干支流分布均匀。由于其横贯西南、华南的良好地理区位优势，决定了西江水系极具航运价值，西江的通航里程、通过能力和实际通货量，在我国天然河流中仅次于长江，居第二位。因此，在交通部编制的《中国交通发展规划》将西江及其主要支流航运建设列为全国"两纵三横"5条主要通道之一。

2007年6月，经国务院批准，由国家发展与改革委员会与交通部联合印发《全国内河航道与港口布局规划》。将红水河来宾—石龙三江口、柳州—桂平的航道等级定为三级航道；将大藤峡库区航道，包括红水河回水段和柳黔江回水段，均定为三级航道，可通航千吨级船舶。

2007年9月，广西壮族自治区桂政发〔2007〕39号文件《关于印发广西壮族自治区内河水运发展规划的通知》中提出，规划红水河来宾—石龙三江口63km为二级航道；规划柳江柳州—石龙三江口160km为三级航道，黔江石龙三江口—桂平124km为二级航道。

2008年11月，广西、广东签订《共同加快建设西江黄金水道协议》。广西启动西江亿吨"黄金水道"建设，结合大藤峡水利枢纽的建设和河道整治，使2000吨级船舶可从港澳和广州港畅通无阻地直达柳州港，从而使西南出海北线航道的柳州—石龙三江口段160km航道由规划的三级提升至二级。

4.2.5　兴利综合需求

根据上述需求分析，西江干流枯水期综合利用主要分为发电目标和控制流量目标。

1. 发电目标

西江干流已建水库的功能定位多以发电为主，枯水期水量统一调度必将影响到西江梯级多个电站，这些电站分别属于南方电网中的贵州电网、广西电网和广东电网。考虑到电网发电计划受电网其他负荷、来水情势等因素影响，会根据实际条件不断调整。因此，在枯水期综合利用需求中，发电目标以梯级电站发电量尽可能大为调度需求。

2. 控制流量目标

综合考虑西江下游珠三角地区需水要求，选择梧州站为控制断面，研究控制断面对供水（抑咸）、航运、生态环境等方面的流量要求，明确控制指标。

根据《珠江水资源综合规划》主要控制节点河道内最小需水量成果，西江控制节点需水量见表4-2。

表4-2　　　　　　　　西江主要控制断面河道内最小需水流量

河　流	节　点	非汛期河道内需水控制指标/(m³/s)		
		航运需水	非汛期生态需水	取用值
红水河	迁江站	395	494	494
黔江	武宣站	920	1071	1071
西江	梧州站	1130	1800	1800

（1）航运：按照国务院批准的全国内河航运与港口布局规划，西江下游将建成一级航道（3000t 级江海轮直达南宁）标准，而枯水期的水量不足将是一级航道建设的关键性制约因素。交通部珠江航务管理局以及广西航运部门要求近期将梧州断面航运基流提高到 1800m³/s，北江飞来峡水利枢纽的航运基流提高到 200m³/s（原设计为 190m³/s），加上区间流量则思贤滘断面近期的航运流量应不小于 2000m³/s；远期希望结合流域水资源调配进一步提高西江下游枯水流量，以确保航道畅通。

（2）生态：生态流量按照《全国水资源综合规划技术细则》推荐的计算方法，进行西北江干流及主要控制断面的河道内生态环境用水量计算分析，再经流域与有关省区协调。首先根据 45 年（1956—2000 年）径流量资料，按汛期和非汛期分别设定河道生态环境需水的目标，参照 Tennant 法，计算控制断面的汛期和非汛期的河流生态环境需水量，西江梧州控制断面的非汛期生态环境流量为 1800m³/s。

（3）抑咸（供水）：梧州水文站是珠江流域西江水系出境的主要控制站和国家重要水文站，在珠江水利委员会历次的水量统一调度中，梧州水文站也是抑咸调度的关键控制断面。从 2005 年以来珠江防总已实施的流域压咸补淡应急调水的压咸效果来看，梧州控制站点的下泄流量为 2100m³/s，可满足澳门、珠海、中山、广州的供水要求，水环境容量亦相应得到极大改善。此结论与《保障澳门珠海供水安全专项规划》是一致的。

综上所述，梧州水文站的生态流量取为 1800m³/s，抑咸流量取为 2100m³/s。

▶▶▶ 4.3　河网区闸泵群调度需求

珠江三角洲地区是我国经济和社会高速发展的地区，是我国改革开放的先行地区，在我国新时期经济社会发展和深化改革开放大局中具有突出的带动作用和举足轻重的战略地位。此外，珠江三角洲地区毗邻香港、澳门特别行政区，不但有着重要的经济地位，而且其政治地位也极为敏感。珠江三角洲河网密布、水闸和泵站众多，水动力条件复杂，具有明显的复杂水网特点；受排污和咸潮影响，珠江三角洲局部地区水安全问题突出。

4.3.1　防洪排涝

洪潮灾害历年是珠江三角洲的心腹大患，新中国成立后，各级政府十分重视三角洲的水利建设，简化河系，联围筑堤，多次对堤围进行整修加固，防洪工程建设取得了较大成就，在抵御大洪水和台风暴潮期间发挥了重要作用。在上游流域发生洪水、外江水位上涨或者三角洲台风暴潮时，珠江三角洲各联围水闸泵站工程承担着十分重要的防洪排涝任务。

当梧州水位达 18.5m 时，中顺大围将关闭所有外江水闸挡水，并在洪水到达前适时开启东河、西河、铺锦等水闸排水以降低内河涌水位，即当内河涌水位高于外江水位时，水闸全开排水，当内河涌水位低于外江水位时，水闸全关挡水，水流只出不进。洪水期间，关闭所有外江水闸挡水，控制联围内河涌不超过防洪排涝最高控制水位。由于联围内节制闸关闭后各镇区排水至主干河涌、水闸关闭不严向围内漏水、围内降雨径流进入河涌，以及生产生活用水排至河涌等，关闭后主干河涌水位上升将超最高控制水位时，将启动东河泵站强排，降低洪水期间河涌内水位。各镇区水闸泵站负责各自围内防洪，保证内河涌水位不超各自相应最高控制水位，多余水量通过泵站排至主干河涌。

4.3.2　水环境改善

珠江三角洲地区经济社会发达，工农业和生活污染排放量大，同时受感潮河网往复流影响，联围内河涌水体水动力条件差、自净能力弱，水质恶化问题突出。根据中山市环境监测站及广东省水环境监测中心的水质监测结果，中山市主城区大部分内河涌水质为 V 类或劣 V 类，全市 298 条河涌中约半数以上已受严重污染，水质已达到或超 V 类水质标准。

通过水闸联合引水换水从而改善水环境，是珠江三角洲联围闸泵群工程调度的一项经常性的工作。水环境改善调度的基本思路一般是，利用外江高潮位开闸引水，加强内河涌的水动力和水量，尽可能在联围内河涌形成单向流路，通过其他闸门将围内污水排至外江，从而实现内河涌水体置换，改善水环境状况。在中顺大围，遵循"西进东出""北进南出"的基本调度原则，即利用联围西干堤外江水闸引水、东干堤外江水闸排水，形成由西向东的单向流。

4.3.3　抑咸供水

枯季上游流域来水量减少，三角洲地区咸潮上溯，严重影响供水安全。为保证咸潮上溯期间的生产生活用水，珠江流域枯水期开展流域骨干水库群调度，加大水库下泄流量，确保三角洲取水口具有足够的取水历时。水库调水抑咸期间，当外江水体含氯度低于 250mg/L 时，各联围打开水闸，将淡水引进蓄积于联围内河涌，由取水泵站在联围内抽取淡水。

第5章

防洪调度方案研究

▶▶▶ 5.1 防洪调度的基本内容

5.1.1 水库调洪作用

除极个别水库完全以引水为目的外，防洪调度是绝大多数水库都需要研究的问题。

当水库有下游防洪任务时，防洪调度方式既要满足下游防洪要求，又要保证大坝安全，主要是利用水库削减下泄洪水流量，使其不超过下游河床的安全泄量。水库的任务主要是"蓄滞洪水"和"错峰"：蓄洪是利用防洪库容拦蓄洪水，当兴利库容与防洪库容有重叠时可起到防洪与兴利相结合；滞洪是指在一次洪峰到来时，将超过下游安全泄量的那部分洪水暂时拦蓄在水库中，待洪峰过去后，再将拦蓄的洪水下泄掉，腾出库容来迎接下一次洪水；当水库与防洪控制点之间距离较远或区间汇流较大时，水库下泄洪水与下游区间洪水或支流洪水遭遇，相叠加后其总流量会超过下游的安全泄量，这时就要求水库起错峰的作用，使下泄洪水不与下游洪水同时到达需要防护的地区。本质上错峰这是滞洪的一种特殊情况。蓄洪既能削减下泄洪峰流量，又能减少下游洪量；而滞洪和错峰只削减下泄洪峰流量，基本上不减少下游洪量。湖泊、洼地也能对洪水起调蓄作用，与水库滞洪类似。

若水库不需承担下游防洪任务，防洪调度的目的是为了确保大坝安全，调度方式一般比较简单，一般下泄流量可不受限制，往往在库水位达到一定高程后采用敞泄方式。由于水库本身自然地对洪水有调蓄作用，洪水流量过程经过水库时仍然要变形，客观上起着滞洪的作用。

为了充分发挥水库的防洪作用及确保水库大坝的安全，应根据水库至防洪控制点区间来水的情况，决定调度方式。由于区间洪水及预报的不确定性，在遭遇洪水一开始时，并不能确定是一般洪水还是特大洪水，为了下游的安全，首先应按照下游防洪要求进行调度，只有在按照判别条件确定这次洪水的重现期已超过防洪标准（一般是库水位超过设计洪水位或者洪峰洪量大于设计值）时，才能改为按保证大坝安全的要求来调度。因此，对于下游有防洪任务的水库，应着重研究水库的调度方式及判别条件。

5.1.2 防洪调度方式

常见的防洪调度方式有补偿调度和错峰调度。

1. 补偿调度

补偿调度适用于水库距防洪控制点有一定距离、区间洪水较大的情况。当区间来水大则水库少放水，区间来水小则水库多放水，控制两者之和不超过防洪控制点的允许泄量。理想情况下就是使各时刻的水库泄量加上相应区间来量正好等于下游防洪控制点的允许泄量。但受限于水文预报、洪水传播等，一般只能近似实现这种方式。

补偿调度一般以库水位作为判别条件，即以防洪设计水位为控制目标，当防洪库容用完后，即不再满足下游防洪要求，改按保证大坝安全的要求进行调度。

按补偿原则进行调度，可以根据区间洪水情况改变水库的泄量。或者考虑分级控制，例如可规定水库在某一判别条件下，按较低的泄量补偿，当预报流量或者水库水位超过某一数值即改按较高的泄量补偿，此时对一些次要的防洪对象不再确保防洪安全。

2. 错峰调度

错峰调度的调度方式是水库留出一定的错峰库容，用来调节洪水把入库洪峰与区间洪水洪峰错开，根据防洪控制点的具体情况，规定需要错峰和停止错峰的判别条件，当出现需要错峰的情况，水库立即关闸限流（必要时甚至完全不泄洪），停止错峰后尽快将拦蓄的洪水放出，以备迎接下一次的调度。这种方式比较适用于区间洪水较大、水文预报预见期较短，而上游水库防洪库容较小不具备拦蓄洪量的情况。

开始错峰的判别条件为下游防洪控制点需要错峰，且水库有能力错峰。停止错峰有两种情况，一是下游危险解除后不需要了，二是无错峰能力了。

5.1.3 判别条件

根据各水库的具体情况，判别条件可以用库水位、入库（防洪控制断面）流量等指标。

1. 以库水位作为判别条件

根据水库调洪计算成果，以各种频率洪水的调洪高水位作为判别洪水是否超过标准的依据，这种方法比较可靠，适用于防洪库容较大、调洪效果主要取决于洪水总量的情况。

2. 以流量作为判别条件

以各种频率的洪峰流量作为判别洪水是否超过标准的依据，这种方法相对于上一种判别条件，能够提早泄水，所需防洪库容相对减少，但存在判别失误的可能。一般适用于防洪库容相对较小，调洪最高水位主要由入库洪峰决定的水库。

▶▶▶ 5.2 防洪调度模型

西江骨干水库中龙滩和岩滩属于串联水库。首先建立单一水库的调洪计算模型，以龙滩出库流量为协调变量，再建立基于马斯京根的河道洪水演进模型，求得下游控制断面的洪水过程。

5.2.1 模型范围

根据典型洪水分析，防洪调度选取 5 种不同类型典型洪水（表 5-1），分别进行实测洪水、设计洪水（$P=0.5\%$、$P=1\%$、$P=2\%$）的洪水调度。

表 5-1　　　　　　　　典　型　洪　水

典 型 洪 水	洪 水 类 型	
49·7	中上游	主汛期
88·9		后汛期
94·6	全流域	主汛期
98·6	中下游	主汛期
05·6		

西江流域面积大，干支流的发洪时间差异明显。一般情况下，支流桂江的洪水出现最早，柳江次之，郁江洪水出现最晚。典型洪水中，除"49·7"洪水缺少实测资料外，其他典型洪水中南宁站同期实测洪峰分别为 5540m³/s、4180m³/s、7160m³/s、6940m³/s，远低于南宁站 10 年一遇洪峰流量（13400m³/s）。因此，本次防洪调度方案不考虑郁江水库的防洪作用。

西江干流已建水库中只有龙滩有防洪任务，天生桥一级水库和岩滩水库实际运行中具有一定的防洪能力，另有右江的百色水库以防洪功能为主。根据防洪需求分析：龙滩水库对中上游型、全流域型洪水作用明显，但对中下游型作用有限，因此本次研究尝试解决中下游型洪水。其中天生桥一级水库和百色水库分别位于西江干支流的上游，唯一以防洪为主的百色水库位于支流郁江上游，与西江干流下游距离较远，且发洪水时间不一，而岩滩水库位于龙滩下游，可用来错柳江洪峰，因此本次洪水调度方案研究以龙滩水库为主，以岩滩水库为辅，选取武宣站、大湟江口站、梧州站作为本次项目的防洪控制断面。其中浔江防洪保护区受大湟江口站控制，西江防洪保护区和西北江三角洲防洪保护区受梧州站控制。节点示意图如图 5-1 所示。如不加说明，防洪部分的设计洪水均为部分归槽成果。

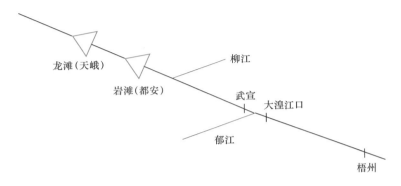

图 5-1　防洪调度节点示意图

5.2.2　调度目标

对下游梧州站控制断面而言，本次调度选取的设计洪水较大。结合防洪水库的地理位置，根据相关研究成果，本次防洪调度目标定为：在流域防洪体系完善前，当西江流域遭遇全流域型洪水或中上游型洪水时，力争将控制断面的洪峰流量降低一个频率等级；在遭遇中下游型洪水时，根据调度方案更好地发挥龙滩水库的防洪作用，适当降低控制断面的洪峰流量。

5.2.3　防洪调度计算方法

水库调洪采用静库容调洪计算方法。水库的水量平衡方程为

$$\overline{Q} - \overline{q} = \frac{1}{2}(Q_1 + Q_2) - \frac{1}{2}(q_1 + q_2) = \frac{V_2 - V_1}{\Delta t}$$

式中：Q_1 和 Q_2 分别为计算时段初、末的入库流量；q_1 和 q_2 分别为计算时段初、末的出库流量；$\overline{Q}$ 和 $\overline{q}$ 分别为计算时段中的平均入库流量、出库流量；V_1 和 V_2 分别为计算时段初、末水库的蓄水量；Δt 为计算时段。

在水库的洪水调度计算时，出库流量取决于水库水位和泄洪建筑物的泄洪能力 $q_2 = f(V_2)$，出库流量需通过试算确定，与入库洪水、下泄洪水、拦蓄洪水的库容、水库水位的变化以及泄洪建筑物型式和尺寸等之间存在着密切的关系。在水库调蓄洪水的过程中，当水库承担下游的防洪任务时，q_2 还受控于水库的调度规则和下游安全泄量。

5.2.4 洪水演进模型

根据西江河道洪水传播特点和水文资料情况，河道洪水演进采用马斯京根方法计算。河段上断面洪水过程按马斯京根法的洪水演进公式演进到下断面，与区间洪水逐时叠加，得出下断面的洪水过程，演进模型详见第 3 章。

▶▶▶ 5.3 龙滩单库防洪调度

5.3.1 防洪调度规则

龙滩水库防洪调度方案研究以现有调度规则和本次研究拟定的调洪规则进行计算分析。

龙滩水库现状防洪调度规则如下：①在 7 月 15 日前保持 50 亿 m³ 的防洪库容，7 月 15 日以后可以回蓄，但在 8 月仍预留 30 亿 m³ 的防洪库容；②在梧州站涨水期，龙滩水库控制下泄流量不大于 6000m³/s；当其继续涨水超过 25000m³/s 时，龙滩水库泄量不超过 4000m³/s；③在梧州站退水期，当其流量在 42000m³/s 以上时，龙滩水库仍按不大于 4000m³/s 下泄，如梧州站流量小于 42000m³/s，则龙滩水库按入库流量泄水；④当龙滩水库蓄满库容时，龙滩水库按入库流量泄水。

龙滩原调度方案主要针对梧州控制断面进行调控的，梧州站是浔江和支流桂江汇合后的西江控制站，大湟江口站是黔江与支流郁江汇合后的浔江控制站，武宣站是红水河与支流柳江汇合后的黔江控制站。这三大控制站是判断西江洪水类型、峰量组成的重要依据。因此，拟以这 3 个控制断面进行洪水调控。随着科技的发展，洪水预报的精度也在逐步提高，洪水调度方案可以适当考虑洪水预报。参考《西江洪水调度方案研究报告》等已有的研究成果，研究以 3 级（武宣站、大湟江口站、梧州站）控制断面的流量作为调度判别条件，拟定的调度方案如下：①与现状防洪调度规则采用同样的汛期划法，在 7 月 15 日前保持 50 亿 m³ 的防洪库容，7 月 15 日以后可以回蓄，但在 8 月仍预留 30 亿 m³ 的防洪库容；②梧州站涨水期：当梧州站当前流量小于 25000m³/s 或者预报 1d 后流量小于 5 年一遇左右，龙滩水库控泄 6000m³/s；当梧州站当前流量大于 25000m³/s，并且武宣站、大湟江口站、梧州站中任何一站预报 1d 后流量大于 5 年一遇左右，龙滩水库以某固定流量控泄；③梧州站退水期：武宣站、大湟江口站、梧州站中任何一站预报 1d 后流量达到 10 年一遇以上，龙滩水库控泄 4000m³/s。具体调度规则见表 5-2。

5.3.2 调洪成果

根据现状防洪调度规则及新拟定的 3 种调度规则进行典型年洪水调度，下游防洪控制断面的洪峰流量在调度前后对比见表 5 - 3，各方案调度前后削峰量对比见表 5 - 4。

表 5 - 2   龙 滩 水 库 调 度 规 则

过程	判 别 条 件	控泄流量/(m³/s)		
		方案 1	方案 2	方案 3
涨水期	$Q_{武宣i} \geq 43200$ 或 $Q_{大湟江口i+24h} \geq 44000$ 或 $Q_{梧州i+24h} \geq 44600$	1000	2000	2000
	$38400 \leq Q_{武宣i} < 43200$ 或 $40100 \leq Q_{大湟江口i+24h} < 44000$ 或 $42000 \leq Q_{梧州i+24h} < 44600$	2000	3000	
	$33300 \leq Q_{武宣i} < 38400$ 或 $35900 \leq Q_{大湟江口i+24h} < 40100$ 或 $37800 \leq Q_{梧州i+24h} < 42000$ 且 $Q_{梧州i} \geq 25000$	3000	4000	
	$Q_{梧州i} < 25000$ 或 $Q_{梧州i+24h} < 37800$	6000	6000	6000
退水期	$Q_{武宣i} \geq 38400$ 或 $Q_{大湟江口i+24h} \geq 40100$ 或 $Q_{梧州i+24h} \geq 42000$	4000	4000	4000

注 1. 武宣站、大湟江口站、梧州站中任何一站处于上涨期，就为涨水期；武宣站、大湟江口站、梧州站均处于退水期，就为退水期。
    2. 在表中控制条件之外的情况按入库流量下泄。
    3. 水库汛限水位维持不变。

5.3.3 防洪调度方案分析

原方案龙滩水库的调度规则主要是根据梧州断面的流量来确定的，新方案在方案设计时，不仅考虑了梧州控制站，还考虑武宣站和大湟江口站，并且考虑下游控制断面的洪水预报（预见期为 24h）。根据新方案和原方案对比分析，龙滩水库选择恰当的启动拦蓄时机对下游防洪控制断面影响较大。如果启动得早，在遭遇中上游型大洪水时可能会出现提前用完防洪库容的情况；如果启动得晚，则可能出现大部分防洪库容闲置的情况。本次研究拟定的新方案与原方案相比，在龙滩拦蓄时机的选择上对不同典型洪水互有优劣，防洪效益与风险并存。

根据龙滩单库调度方案研究，各种方案下均能实现在遭遇全流域型洪水或中上游型洪水时各防洪控制断面的洪峰流量降低一个频率等级，在遭遇中下游型洪水时适当降低控制断面洪峰流量的目标，基本满足防洪需求。

表 5-3

西江流域各方案调洪前后洪峰流量统计表

单位：m³/s

洪水类型	典型洪水	工况	梧州站					武宣站					大湟江口站				
			调洪前	调洪后				调洪前	调洪后				调洪前	调洪后			
				原方案	方案1	方案2	方案3		原方案	方案1	方案2	方案3		原方案	方案1	方案2	方案3
中上游	49·7	典型	48900	44000	43800	43900	43700	45300	40100	38700	39500	38500	48700	41400	41300	40600	41000
		200年一遇	55700	51000	52100	51700	52100	51600	45100	42700	43700	43200	55500	47900	50000	49200	49900
		100年一遇	52700	47200	48500	48100	48500	48800	42900	40900	41800	41100	52500	44300	46100	45400	45900
		50年一遇	50400	45200	45600	45100	45500	46700	41200	39800	40600	39600	50200	42500	43100	42300	42900
	88·9	典型	42500	37900	37100	37000	37200	42200	35100	35000	35100	35000	45400	38400	37400	38000	37200
		200年一遇	53700	50300	50500	50400	50600	53300	44200	45000	44600	45200	57400	51700	52300	52000	52500
		100年一遇	50900	47100	47300	47300	47400	50500	40400	40800	40600	41000	54400	47800	48300	48100	48400
		50年一遇	48300	43900	44300	44200	44400	48000	38700	38100	38300	37900	51600	43800	44500	44200	44700
全流域	94·6	典型	49200	46500	46100	46300	46000	44400	41700	41400	41600	41200	48000	44300	43700	44000	43500
		200年一遇	55700	52000	51300	51600	51300	50300	46400	45700	46100	45500	54300	49400	48300	48700	48200
		100年一遇	52700	49600	49200	49900	49100	47600	44400	44100	44300	44000	51400	47200	46500	46900	46400
		50年一遇	50400	47600	47100	47300	47100	45500	42600	42300	42500	42200	49200	45300	44600	44900	44500
中下游	98·6	典型	52900	52800	51900	52300	51900	37600	37500	36700	37200	36700	44600	44500	43000	43700	43300
		200年一遇	55700	55500	54400	54900	54500	39600	39500	38200	38900	38400	47000	46800	45000	45800	45500
		100年一遇	52700	52600	51800	52100	51700	37500	37400	36700	37100	36600	44400	44300	42900	43500	43100
		50年一遇	50400	50300	49600	49800	49600	35800	35800	35100	35400	35100	42500	42400	41100	41700	41400
	05·6	典型	53700	52400	52100	52200	52200	38400	36400	36200	36300	36200	45100	42600	42600	42700	42600
		200年一遇	55700	54200	53800	54000	53900	39800	37600	37200	37400	37200	46800	44300	43800	44100	43800
		100年一遇	52700	51400	51200	51300	51200	37700	35800	35600	35700	35600	44300	42100	41800	41900	41900
		50年一遇	50400	49300	49100	49200	49100	36000	34300	34200	34200	34100	42300	40300	40200	40300	40100

注："88·9"设计洪水为后汛期工况。

表 5-4　西江流域各方案调度前后削峰量对比表（新方案—原方案）

洪水类型	典型洪水	工况	削峰差值								
			梧州站/(m³/s)			武宣站/(m³/s)			大湟江口站/(m³/s)		
			方案 1	方案 2	方案 3	方案 1	方案 2	方案 3	方案 1	方案 2	方案 3
中上游	49·7	典型	200	100	300	1400	600	1600	100	800	400
		200年一遇	-1100	-700	-1100	2400	1400	1900	-2100	-1300	-2000
		100年一遇	-1300	-900	-1300	2000	1100	1800	-1800	-1100	-1600
		50年一遇	-400	100	-300	1400	600	1600	-600	200	-400
	88·9	典型	800	900	700	100	0	100	1000	400	1200
		200年一遇	-200	-100	-300	-800	-400	-1000	-600	-300	-800
		100年一遇	-200	-200	-300	-400	-200	-600	-500	-300	-600
		50年一遇	-400	-300	-500	600	400	800	-700	-400	-900
全流域	94·6	典型	400	200	500	300	100	500	600	300	800
		200年一遇	700	400	700	700	300	900	1100	700	1200
		100年一遇	400	200	500	300	100	400	700	300	800
		50年一遇	500	300	500	300	100	400	700	400	800
	98·6	典型	900	500	900	800	300	800	1500	800	1200
		200年一遇	1100	600	1000	1300	600	1100	1800	1000	1300
		100年一遇	800	500	900	700	300	800	1400	800	1200
		50年一遇	700	500	700	700	400	700	1300	700	1000
中下游	05·6	典型	300	200	200	200	100	200	0	-100	0
		200年一遇	400	200	300	400	200	400	500	200	500
		100年一遇	200	100	200	200	100	200	300	200	200
		50年一遇	200	100	200	100	100	200	100	0	200

注　"88·9"设计洪水为后汛期工况。

▶▶▶ **5.4   龙滩、岩滩两库联合防洪调度**

5.4.1   岩滩水库的防洪作用

根据《岩滩水电站扩建工程可行性研究报告》（2005 年），岩滩水库在汛期的调度规则为：①汛期 5—8 月，当入库流量小于 10 年一遇洪峰流量 $17500\mathrm{m^3/s}$ 时，水库水位不超过 219m 运行。根据电网调峰要求，水库水位可适当消落，最低消落水位为218.5m；②汛期 9 月，电站在不增加库区淹没损失的控制条件下，依据岩滩水库 9月洪水较小的特性，当入库流量小于或等于 $7900\mathrm{m^3/s}$ 时，水库水位可抬高至221.5m 运行，否则迅速降至汛期运行水位 219m；③汛末 10 月，水库蓄水至正常蓄水位 223m 运行；④当入库流量大于 10 年一遇洪峰流量时，所有闸门全开，以保证大坝安全。

根据龙滩水库汛限水位调度方案，由于上游龙滩水库的控泄，在遭遇中上游"49·7"型 200 年一遇的设计洪水下，岩滩的入库流量由调度前的 $16900\mathrm{m^3/s}$ 削减为 $15300\mathrm{m^3/s}$，在遭遇中上游"88·9"型 200 年一遇的设计洪水下，岩滩水库的入库流量由调度前的$18400\mathrm{m^3/s}$ 削减为 $14600\mathrm{m^3/s}$。可见，随着龙滩水库的建成，根据岩滩水库现有调度规则，利用 219m 以上的防洪库容进行调蓄的概率大大降低。

但岩滩水库地理位置优越，距离武宣站较近，调洪的主动性、时效性均较龙滩水库好。据分析，武宣站洪水由红水河和柳江来水组成，其中柳江洪水在武宣站较大洪水的组成中占主导位置，可以考虑利用岩滩水库辅助龙滩水库进行错峰调度，以达到削峰武宣站洪峰的效果。

5.4.2   岩滩水库洪水调度方案的拟定

龙滩水库运行后，岩滩水库的汛限水位提高至 219m。由于上游龙滩水库的控泄，即使是龙滩水库采用设计防洪库容进行调度，岩滩水库参与调蓄的概率也很低。但岩滩水库地理位置优越，距离武宣站较近，调洪的主动性、时效性均较龙滩好，可用于错柳江（或区间）洪峰，以达到削减武宣站洪峰的效果。参考《西江洪水调度方案研究报告》等已有的研究成果，拟定岩滩水库的调度方案见表 5-5。

表 5-5   岩 滩 调 度 规 则

判 别 条 件			控泄流量 /($\mathrm{m^3/s}$)
方案 1	方案 2	方案 3	
$Q_{柳江i+24h}\geq22500\mathrm{m^3/s}$ 或 $Q_{武宣i}\geq38400\mathrm{m^3/s}$ 或 $Q_{大湟江口i+24h}\geq40100\mathrm{m^3/s}$ 或 $Q_{梧州i+24h}\geq42000\mathrm{m^3/s}$	$Q_{柳州i+24h}\geq19200\mathrm{m^3/s}$ 或 $Q_{武宣i}\geq38400\mathrm{m^3/s}$ 或 $Q_{大湟江口i+24h}\geq40100\mathrm{m^3/s}$ 或 $Q_{梧州i+24h}\geq42000\mathrm{m^3/s}$	$Q_{柳州i+24h}\geq19200\mathrm{m^3/s}$ 或 $Q_{武宣i}\geq45900\mathrm{m^3/s}$ 或 $Q_{大湟江口i+24h}\geq46600\mathrm{m^3/s}$ 或 $Q_{梧州i+24h}\geq48500\mathrm{m^3/s}$	1500

表 5 - 6　　龙滩、岩滩两库联调下游控制断面削峰表（方案 1）

洪水类型	典型洪水	工况	洪峰流量								
			梧州站/(m³/s)			武宣站/(m³/s)			大湟江口站/(m³/s)		
			调度前	调度后	削峰值	调度前	调度后	削峰值	调度前	调度后	削峰值
中上游	49·7	典型	48900	42900	6000	45300	38200	7100	48700	40600	8100
		200 年一遇	55700	50900	4800	51600	43900	7700	55500	47900	7600
		100 年一遇	52700	47100	5600	48800	41000	7800	52500	43900	8600
		50 年一遇	50400	44100	6300	46700	39300	7400	50200	41700	8500
	88·9	典型	42500	37400	5100	42200	34100	8100	45400	37500	7900
		200 年一遇	53700	50200	3500	53300	44200	9100	57400	51700	5700
		100 年一遇	50900	47000	3900	50500	40300	10200	54400	47800	6600
		50 年一遇	48300	43500	4800	48000	37800	10200	51600	43000	8600
全流域	94·6	典型	49200	45300	3900	44400	39800	4600	48000	43100	4900
		200 年一遇	55700	51000	4700	50300	45000	5300	54300	48600	5700
		100 年一遇	52700	48600	4100	47600	43100	4500	51400	46400	5000
		50 年一遇	50400	46400	4000	45500	40700	4800	49200	44100	5100
中下游	98·6	典型	52900	51600	1300	37600	35900	1700	44600	43400	1200
		200 年一遇	55700	54500	1200	39600	38500	1100	47000	46200	800
		100 年一遇	52700	51300	1400	37500	35400	2100	44400	42800	1600
		50 年一遇	50400	49100	1300	35800	33700	2100	42500	41000	1500
	05·6	典型	53700	51500	2200	38400	35400	3000	45100	41500	3600
		200 年一遇	55700	53400	2300	39800	36600	3200	46800	43000	3800
		100 年一遇	52700	50600	2100	37700	34800	2900	44300	40800	3500
		50 年一遇	50400	48800	1600	36000	33800	2200	42300	39700	2600

注　"88·9" 洪水工况为后汛期工况。

表 5 - 7　　龙滩、岩滩两库联调下游控制断面削峰表（方案 2）

洪水类型	典型洪水	工况	梧州站/(m³/s)			武宣站/(m³/s)			大湟江口站/(m³/s)		
			调度前	调度后	削峰值	调度前	调度后	削峰值	调度前	调度后	削峰值
中上游	49·7	典型	48900	42800	6100	45300	38800	6500	48700	40800	7900
		200年一遇	55700	50900	4800	51600	43900	7700	55500	47900	7600
		100年一遇	52700	47200	5500	48800	41600	7200	52500	43900	8600
		50年一遇	50400	44100	6300	46700	39900	6800	50200	41900	8300
	88·9	典型	42500	37800	4700	42200	34300	7900	45400	38300	7100
		200年一遇	53700	50200	3500	53300	44200	9100	57400	51700	5700
		100年一遇	50900	47100	3800	50500	40400	10100	54400	47800	6600
		50年一遇	48300	43900	4400	48000	38300	9700	51600	43800	7800
全流域	94·6	典型	49200	45500	3700	44400	40300	4100	48000	43500	4500
		200年一遇	55700	51000	4700	50300	45000	5300	54300	48600	5700
		100年一遇	52700	48600	4100	47600	43100	4500	51400	46400	5000
		50年一遇	50400	46600	3800	45500	41200	4300	49200	44500	4700
中下游	98·6	典型	52900	51600	1300	37600	35900	1700	44600	43400	1200
		200年一遇	55700	54500	1200	39600	38500	1100	47000	46200	800
		100年一遇	52700	51300	1400	37500	35400	2100	44400	42800	1600
		50年一遇	50400	49100	1300	35800	33700	2100	42500	41000	1500
	05·6	典型	53700	51500	2200	38400	35400	3000	45100	41500	3600
		200年一遇	55700	53400	2300	39800	36600	3200	46800	43000	3800
		100年一遇	52700	50600	2100	37700	34800	2900	44300	40800	3500
		50年一遇	50400	48800	1600	36000	33800	2200	42300	39700	2600

注　"88·9"洪水工况为后汛期工况。

表 5-8　　龙滩、岩滩两库联调下游控制断面削峰表（方案 3）

洪水类型	典型洪水	工况	洪峰流量								
			梧州站/(m³/s)			武宣站/(m³/s)			大湟江口站/(m³/s)		
			调度前	调度后	削峰值	调度前	调度后	削峰值	调度前	调度后	削峰值
中上游	49·7	典型	48900	42700	6200	45300	38800	6500	48700	40800	7900
		200 年一遇	55700	50900	4800	51600	43900	7700	55500	47900	7600
		100 年一遇	52700	47200	5500	48800	41600	7200	52500	43900	8600
		50 年一遇	50400	44100	6300	46700	39900	6800	50200	41900	8300
	88·9	典型	42500	37800	4700	42200	34300	7900	45400	38300	7100
		200 年一遇	53700	50200	3500	53300	44200	9100	57400	51700	5700
		100 年一遇	50900	47100	3800	50500	40400	10100	54400	47800	6600
		50 年一遇	48300	43900	4400	48000	38300	9700	51600	43800	7800
全流域	94·6	典型	49200	45500	3700	44400	40300	4100	48000	43500	4500
		200 年一遇	55700	51000	4700	50300	45000	5300	54300	48600	5700
		100 年一遇	52700	48600	4100	47600	43100	4500	51400	46400	5000
		50 年一遇	50400	46600	3800	45500	41200	4300	49200	44500	4700
	98·6	典型	52900	51600	1300	37600	35900	1700	44600	42700	1900
		200 年一遇	55700	54300	1400	39600	37800	1800	47000	45000	2000
		100 年一遇	52700	51400	1300	37500	35800	1700	44400	42500	1900
		50 年一遇	50400	49700	700	35800	35400	400	42500	41300	1200
中下游	05·6	典型	53700	51800	1900	38400	35900	2500	45100	42200	2900
		200 年一遇	55700	53700	2000	39800	37100	2700	46800	43600	3200
		100 年一遇	52700	50900	1800	37700	35300	2400	44300	41400	2900
		50 年一遇	50400	49100	1300	36000	34200	1800	42300	40200	2100

注　"88·9" 洪水工况为后汛期工况。

表5-9　龙滩、岩滩两库联调下游控制断面削峰对比表（两库联调—龙滩单库调度）

洪水类型	典型洪水	工况	削峰差值								
			梧州站/(m³/s)			武宣站/(m³/s)			大湟江口站/(m³/s)		
			方案1	方案2	方案3	方案1	方案2	方案3	方案1	方案2	方案3
中上游	49·7	典型	1100	1200	1300	1900	1300	1300	800	600	600
		200年一遇	100	100	100	1200	1200	1200	0	0	0
		100年一遇	100	0	0	1900	1300	1300	400	400	400
		50年一遇	1100	1100	1100	1900	1300	1300	800	600	600
	88·9	典型	500	100	100	1000	800	800	900	100	100
		200年一遇	100	100	100	0	0	0	0	0	0
		100年一遇	100	0	0	100	0	0	0	0	0
		50年一遇	400	0	0	900	400	400	800	800	800
全流域	94·6	典型	1200	1000	1000	1900	1400	1400	1200	800	800
		200年一遇	1000	1000	1000	1400	1400	1400	800	800	800
		100年一遇	1000	1000	1000	1300	1300	1300	800	800	800
		50年一遇	1200	1200	1000	1900	1400	1400	1200	800	800
	98·6	典型	1200	1200	1200	1600	1600	1600	1100	1100	1800
		200年一遇	1000	1000	1200	1000	1000	1700	600	600	1800
		100年一遇	1300	1300	1200	2000	2000	1600	1500	1500	1800
		50年一遇	1200	1200	600	2100	2100	400	1400	1400	1100
中下游	05·6	典型	900	900	600	1000	1000	500	1100	1100	400
		200年一遇	800	800	600	1000	1000	500	1300	1300	700
		100年一遇	800	800	500	1000	1000	500	1300	1300	700
		50年一遇	500	500	200	500	500	100	600	600	100

注　"88·9"洪水工况为后汛期工况。

其中方案 1 在下游防洪控制断面洪量级别的基础上综合考虑柳江的 24h 预报 10 年一遇洪峰 22500m³/s，方案 2 直接以柳州 5 年一遇的洪水 19200m³/s 代替方案 1 的 10 年一遇洪峰，方案 3 在方案 2 的基础上将下游 3 个防洪控制断面的判别条件提高到 30 年一遇洪水。

龙滩水库以设计防洪库容采用原调度方案进行调度，当岩滩水位超过 223m 时敞泄。两库联调后与原龙滩单库调度的削峰对比情况见表 5-6～表 5-9。

岩滩水库地理位置优越，距离武宣站较近，调洪的主动性、时效性均较龙滩水库好，可用于错柳江洪峰，以达到削减下游控制断面洪峰的效果。两库联调后，与龙滩单库调度相比，下游防洪控制断面的削峰均有不同程度的提高，尤其是方案 3 对原调度效果较差的中下游型洪水改善相对较多，充分发挥了岩滩水库地理位置的优越性，弥补了西江流域现状调度方案的不足，因此，两库联调情况下岩滩水库推荐采用方案 3。

5.4.3　龙滩、岩滩两库联合防洪调度分析

在西江下游控制性防洪水库大藤峡建设之前，充分利用岩滩水库的地理位置，改变岩滩水库汛期调度规则，进行龙滩、岩滩两库联合防洪调度。与原方案相比，调度效果均有不同程度的改善，尤其是中下游型洪水，虽不能将防洪控制断面的频率降低一个等级，但梧州断面削峰量普遍提高了 200～1200m³/s（方案 3）。岩滩水库与龙滩水库采用 3d 预报的联合调度，针对中下游型洪水，梧州断面削峰量提高了 1200～2300m³/s，除 50 年一遇洪水频率外，基本上能实现将设计洪水降低一个频率等级。

如前所述，考虑到 3d 洪水预报的精度问题，风险较大，目前并不具备实际操作的可能，仍有待进一步的研究论证。但 1d 洪水预报的精度相对较高，在遭遇西江中下游型特大洪水时，根据岩滩水库的地理位置优势，可考虑利用岩滩水库的防洪库容进行错峰，虽不能降低洪水频率等级，但也有助于下游防洪控制断面洪峰的削减。

枯水期水量调度方案研究

▶▶▶ 6.1 水库群调度的基本内容

水库群的布置，一般可以归纳为3种情况：①布置在同一条河流上的串联水库群，水库间有密切的水力联系；②布置在干流中上游和主要支流上的并联水库群，水库间没有直接的水力联系，但共同的防洪、发电任务把它们联系在一起；③以上两者结合的复杂水库群。水库群的分类一般是根据调节性能较高的一些水库来确定，日调节或径流式水库因其在长期调度情况下完全从属于调节性能强的水库调度情况及区间径流，它们的存在不影响上述分类。库群所组成的各库可能都为同一主开发目标服务，如发电库群、防洪库群或灌溉库群等，但也可能各库的主开发目标不尽相同，从而构成综合利用库群。

水库群之间可以相互进行补偿，补偿作用有以下两种。

（1）根据水文特性，不同河流间或同一河流各支流间的水文情况有同步和不同步两种。利用两河（或两支流）丰枯水期的起讫时间不完全一致（即所谓水文不同步情况）、最枯水时间相互错开的特点，把它们联系起来共同满足用水或用电的需要，就可以相互补充水量，提高两河的保证流量。这种补偿作用称为径流补偿，是进行径流调节时的一种调节方式，考虑补偿作用就能更合理地利用水资源。

（2）利用各水库调节性能的差异也可以进行补偿。以年调节水库和多年调节水库联合工作为例，如果将两个水库联系在一起来统一研究调节方案，设年调节水库工作情况不变，则多年调节水库的工作情况要考虑年调节水库的工作情况，一般在丰水年适当多蓄些水，枯水年份多放些水；在一年之内，丰水期尽可能多蓄水，枯水期多放水。这样，两水库联合运行就可提高总的枯水流量。这种利用库容差异所进行的径流补偿，称为库容补偿。

　　水库群计算涉及的水库数目较多，影响因素比较复杂，计算还要涉及综合利用要求，所以解决实际问题比较繁杂。一般采用系统理论进行分析，统筹发电、供水、航运、灌溉等各部门（地区）对水量水位水质的要求，协调矛盾，合理调配，尽可能利用水文气象预报，充分利用库容和各种设备的能力，争取安排蓄放水，发挥库群最大综合效益。水库调度实际就是根据水库入库径流，通过最优化地方法寻求最优准则相应目标函数达到极值地最优运行策略。大体上可分为明确研究范围和边界、确定调度目标、拟定准则建立数学模型、选用合适的最优化计算对模型进行求解、模型验证及方案分析等步骤。其中最优准则的拟定是综合利用水库群调度的关键。

▶▶▶ 6.2　水库群综合调度模型

6.2.1　研究范围

　　从水库调节性能来看，光照水库、天生桥一级水库、龙滩水库和百色水库均具备年调节能力，其他水库调节均为日调节水库。从水库库容来看：龙滩水库的总库容及调节库容最大，其中调节库容超过 10 亿 m³ 的有光照水库、天生桥一级水库、龙滩水库、百色水库。岩滩水库、长洲水库的调节库容分别为 4.25 亿 m³、1.33 亿 m³，其他水库的调节库容均小于 1 亿 m³。结合珠江委历年枯水期水量调度的实践：岩滩水库参加了历次的水量调度，长洲水库距离河口近，在大藤峡水利枢纽未建之前，是短期内实现精细调度的重要保障。因此西江骨干水库群确定为光照水库、天生桥一级水库、龙滩水库、岩滩水库、百色水库、长洲水库。梧州站是西江流域主要的控制站，控制西江约 92.6% 的集水面积，同时也是近年实施的枯季水量调度的控制站，因此本次研究选取梧州站作为水量统一调度的控制断面。图 6-1 为水库群水量统一调度节点示意图。

　　根据调度节点示意图，以光照水库、天生桥一级水库、龙滩水库和百色水库等有年调节能力的水库进行长系列逐月调算，在此基础上选定典型年，增加岩滩和长洲等水库，逐日进行计算。

6.2.2　调度目标

　　与防洪调度不同，防洪调度有唯一的安全度汛为调度目标，枯水期由于每年的水雨情、骨干水库蓄水情况、下游需水等均不相同，是一个多目标的综合利用调度，难以制定出一个统一的调度规则。本次研究根据典型枯水年的水库蓄水情况，研究骨干水库群对综合利用需求的满足程度，为以后的调度工作提供指导。

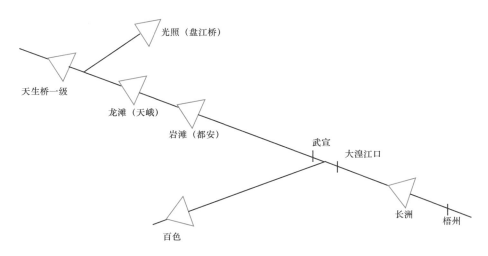

图6-1 水库群水量统一调度节点示意图

初步分析，枯水期综合调度目标为控制断面流量目标和发电量目标。梧州控制断面控制流量要求分为 $2100\text{m}^3/\text{s}$、$1800\text{m}^3/\text{s}$ 两个等级；发电量目标分为满足电力需求，在电力负荷未知的情况下，以梯级电站发电量最大代替。通过多目标优化，寻求各方均能接受的可行解。

6.2.3 优化模型的基本思路

考虑到西江骨干水库群是一复杂的混联系统，且流程长、后效性明显，不适用常规的动态规划方法，拟用启发式优化方法——浮点遗传算法，针对流量和发电双目标，通过求和加权的方法，采用精英保留策略进行径流调节计算，迫使遗传搜索去探索目标空间的可行解。

1. 基本遗传算法

遗传算法是一类借鉴生物界自然选择和自然遗传机制的启发式随机搜索算法，由美国 Michigan 大学的 J. Holland 教授于 1975 年首先提出。目前已有许多 GA 的变形，习惯上把 Holland 于 1975 年提出的 GA 称为基本遗传算法（Simple Genetic Algorithm，SGA）。其主要特点是群体搜索策略和群体中个体之间的信息交换，搜索不依赖于梯度信息。提供了一种求解复杂和非线性优化问题的通用框架，它不依赖于问题的具体领域，对是否线性、连续、可微等不作限制，也不受优化变量数目和约束条件的束缚，直接在优化准则函数的引导下进行全局自适应寻优，对问题的种类有很强的鲁棒性。

SGA 可定义为一个 8 元组，即

$$SGA = (C,\ E,\ P_0,\ N,\ \varPhi,\ \varGamma,\ \varPsi,\ T)$$

式中：C 为个体的编码方法，SGA 使用固定长度二进制符号串的编码方法；E 为个体的适应度评价函数；P_0 为初始群体；N 为群体大小，一般取 $20\sim100$；$\varPhi$ 为选择算子，SGA 使用比例选择算子；$\varGamma$ 为交叉算子，SGA 使用单点交叉算子；$\varPsi$ 为变异算子，SGA 使用基本位变异算子；T 为算法终止条件，一般终止进化代数为 $100\sim500$。

2. 多目标浮点遗传算法

由于西江水库群调度中待求的优化变量个数较多，属于高维优化问题，若采用二进制编码方式，将导致个体的基因位很长，难以同时满足计算精度和求解速度的要求。为了提高 SGA 的性能，直接采用浮点数编码技术对优化变量进行编码，并采用最优个体保留策略保证算法收敛到最优解，同时设计了与之相适应的杂交和变异算子，从而构造出一种性能良好的改进浮点遗传算法。

目前遗传算法在多目标问题中的应用方法多数是根据决策偏好信息，先将多目标问题标量化处理为单目标问题后再以遗传算法求解，仍然没有脱离传统的多目标问题分步解决的方式。多目标问题中在没有给出决策偏好信息的前提下，难以直接衡量解的优劣，这是遗传算法应用到多目标问题中的最大困难。根据遗传算法中每一代都有大量的可行解产生这一特点，通过可行解之间相互比较淘汰劣解的办法来达到最后对非劣解集的逼近。

对一个 n 维的多目标规划问题，且均为目标函数最大化，其劣解可以定义为

$$f_i(x^*) \leqslant f_i(x_t)$$

其中，至少对一个 i 取"$<$"，即至少劣于一个可行解的 x^* 比为劣解。

对同一代中的个体基于目标函数相互比较，淘汰掉确定的劣解，并以生成的新解予以替换。经过数量足够大的种群一定次数的进化计算，可以得到一个接近非劣解集前沿面的解集，在一定精度要求下，可以近似地将其作为非劣解集。

个体的适应度计算方法确定后，为保证能得到非劣解集，算法设计中必须处理好以下问题。

（1）保持种群的多样性及进化方向的控制。算法需要求出的是一组不同的非劣解，所以计算中要防止种群收敛到某一个解。与一般遗传算法进化到后期时种群接近收敛不同，多目标遗传算法中要求都要保持解的多样性以适应对已得到的优解（也就是最后非劣解集的备选集）能再进行更新。

（2）优解的选择替换。算法必须能选出表现更好的解，并避免由于优解的替换不当使得解集收敛于同一个方向，并使得解集的分布具有一定程度的均匀性。

从上述思路出发，本次研究在多目标遗传算法中使用了针对多目标的个体适应度确定方法，对交叉和变异概率依据种群和进化代数进行自适应调整，并控制种群个体并行向非劣解集前沿面逼近。

6.2.4　水库群统一调度模型

1. 目标函数

初步分析，枯水期综合调度目标为控制断面流量目标和发电量目标。梧州控制断面控制流量要求分为 2100m³/s、1800m³/s 两个等级；发电量目标分为满足电力需求，在电力负荷未知情况下，以梯级电站发电量最大代替。通过多目标优化，寻求各方均能接受的可行解。

调度目标包括梯级电站发电经济效益、抑咸调度效果、区域经济发展和生态环境等。通过对相关基础资料的分析，确定各调度目标间的关系、约束条件的量化，便于程序处理。目标函数考虑的因素有很多，水资源配置、发电、航运及生态环境。因此，其运行调度优化模型目标函数可以描述为

$$OBJ_{Fun} = E_{发电} + Q_{抑咸} + Q_{航运} + Q_{生态}$$

发电效益 $E_{发电}$ 可用函数表示，即

$$E_{发电} = \sum_{m=1}^{M} N(m,t)\Delta t = \sum_{m=1}^{M} \sum_{t=1}^{T} A(m)QD(m,t)H(m,t)\Delta t$$

式中：$A(m)$ 为出力系数；$QD(m,t)$ 为第 m 个水库 t 时段的发电流量；$H(m,t)$ 为 m 个水库 t 时段的平均发电水头；Δt 为计算步长；M 为电站个数；T 为总时段数。

根据枯水期需求分析，以下游梧州断面生态/抑咸流量实现程度最高为目标，即

$$\max \sum_{t=1}^{T} (P_1 + P_2)$$

其中

$$P_1 = \begin{cases} 1 & q_{梧州}(t) \geqslant 2100\text{m}^3/\text{s} \\ 0 & q_{梧州}(t) < 2100\text{m}^3/\text{s} \end{cases}$$

$$P_2 = \begin{cases} 1 & q_{梧州}(t) \geqslant 1800\text{m}^3/\text{s} \\ 0 & q_{梧州}(t) < 1800\text{m}^3/\text{s} \end{cases}$$

2. 模型约束

1）水库水量平衡约束，即

$$V(m,t+1) = V(m,t) + RW(m,t) - W(m,t) - LW(m,t)$$

$$W(m,t) = q(m,t)\Delta t$$

式中：$V(m,t)$、$RW(m,t)$、$W(m,t)$、$LW(m,t)$ 分别为第 m 个水库 t 时段库容、入库水量、出库水量和损失水量；$q(m,t)$ 为第 m 个水库 t 时段的出库流量。

2）出库流量约束，即

$$QD_{min}(m,t) \leqslant QD(m,t) \leqslant QD_{max}(m,t)$$

$$q_{min}(m,t) \leqslant q(m,t) \leqslant q_{max}(m,t)$$

式中：$QD_{min}(m,t)$、$QD_{max}(m,t)$ 分别为第 m 个水库 t 时段最小和最大允许过机流量；$q_{min}(m,t)$、$q_{max}(m,t)$ 分别为第 m 个水库 t 时段最小和最大允许出库流量。

3）出力约束，即

$$N_{min}(m,t) \leqslant N(m,t) \leqslant N_{max}(m,t)$$

$$\sum_{i=1}^{M} N(m,t) \geqslant NSUM_{min}(t)$$

式中：$N(m,t)$、$N_{min}(m,t)$、$N_{max}(m,t)$ 分别为第 m 个水库 t 时段出力、允许最小和最大出力；$NSUM_{min}(t)$ 为梯级 t 时段允许最低总出力。

4）水库库容（水位约束），即

$$V_{min}(m,t) \leqslant V(m,t) \leqslant V_{max}(m,t)$$

式中：$V_{min}(m,t)$、$V_{max}(m,t)$ 分别为第 m 个水库 t 时段允许库容上下限。

5）罚函数。为确保调度后梧州站的枯水流量不低于调度前流量，以梧州生态流量为界，当梧州调度前时段流量低于 $1800\mathrm{m}^3/\mathrm{s}$，调度后的时段流量应大于调度前的流量，否则，以两者差值作为罚函数计入适应度。

6）变量非负约束。

3. 水量演进模型

河道水量演进模型为

$$Q(i+1,t+1) = C_0 Q(i,t+1) + C_1 Q(i,t) + C_2 Q(i+1,t)$$

$$\sum C = 1$$

6.2.5　多目标遗传算法的求解

1. 适应度确定

个体适应度是通过个体间的相互比较得到的，使综合表现优良的个体获得较大适应度。算法中个体采用实数编码，只需知道各目标函数的优劣衡量标准（越大越优，越小越优或中心最优）即可将个体对目标表现优劣排序。针对每一个目标都会依据对该目标的函数值优劣生成一个可行解的排序序列。对每个目标都排序后，可以得到个体对全部目标函数的总体表现。根据个体的排序计算其适应度，即

$$E_i(X_j) = \begin{cases} [N - R_i(X_j)]^2 & R_i(X_i) > 1 \\ kN^2 & R_i(X_j) = 1 \end{cases} \quad i,\ j = 1,\ 2,\ \cdots,\ n$$

$$E(X_j) = \sum_{i=1}^{n} E_i(X_j) \quad i,\ j = 1,\ 2,\ \cdots,\ n$$

式中：n 为目标函数总数；N 为个体总数；X_j 为种群的第 j 个个体；R_i 为其在种群所有个体中对目标 i 的优劣排序后所得的序号；$E_i(X_j)$ 表示 X_j 对目标 i 所得的适应度；$E(X_j)$ 为 X_j 对全部目标所得的整体适应度；k 为常数，用于加大个体表现最优时的适应度。

对于总体表现较优的个体能得到更大的适应度，获得更多的参与进化的机会。个体选择采用轮盘赌方式，适应度大的个体也即是总体表现好的个体有更大概率进入下一代。

2. 交叉和变异自适应计算

交叉概率 p_c 和变异概率 p_m 以自适应的方式选定，即通过个体本身适应度大小和种群整体性能的比较确定其交叉和变异的概率。其计算公式为

$$p_c = \begin{cases} \dfrac{k_1(f_{\max} - f')}{f_{\max} - f_{\mathrm{avg}}} & f' \geqslant f_{\mathrm{avg}} \\ k_2 & f' < f_{\mathrm{avg}} \end{cases}$$

$$p_m = \begin{cases} \dfrac{k_3(f_{\max} - f')}{f_{\max} - f_{\mathrm{avg}}} & f \geqslant f_{\mathrm{avg}} \\ k_4 & f < f_{\mathrm{avg}} \end{cases}$$

式中：$f_{\max}$ 为群体中最大的适应度值；f_{avg} 为群体的平均适应度值；f' 为可能进行交叉的 2 个个体中较大的适应度值；f 为进行变异的个体的适应度值；k_1、k_2、k_3、k_4 分别为 0 到 1 之间的系数。

该公式实际上反映了同一代种群中不同个体的交叉概率 p_c 和变异概率 p_m 与其适应度的线性函数关系，见图 6-2。个体适应度小于种群平均值时，p_c 和 p_m 分别取固定值 k_2、k_4，一般计算中取 $k_1 = k_2$，$k_3 = k_4$。当其大于平均值而小于个体适应度越大则 p_c、p_m 越小，得到保存的机会也越大，反之则相反。

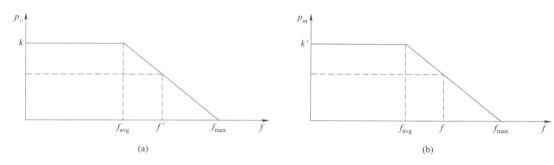

图 6-2 交叉概率、变异概率的自适应函数
(a) 自适应的交叉概率；(b) 自适应的变异概率

根据图 6-2，当适应度低于平均适应度时，说明该个体是表现较差的个体，对它就采用较大的交叉率和变异率；如果适应度高于平均适应度，说明该个体性能优良，对它就根据其适应度值取相应的交叉率和变异率。而交叉概率和变异概率的取值的上限为 k_1、k_3，这样进化的稳定性也得到了保证。这种自适应调整是针对计算中同一代种群中不同个体对 p_c 和 p_m 取值的自适应选取。

随着进化代数的增加，调整 k 系列的值，使得种群整体的变异能力增强，交叉能力减弱，有利于后期计算趋于稳定时新个体的产生。这样就实现了 p_c 和 p_m 在同一代不同个体间以及整个进化过程中微观和宏观的自适应调整。在进化稳定后，k 系列的不同取值对于最终结果影响不大。

3. 精英保留策略

第一代进化产生的较好的 n 个解（非劣解集个数）作为现有非劣解集保存，其个数由多目标问题的特性和需要的非劣解数量要求确定，一般取为种群个体总数的 5% ～ 15%。以后对于每一代进化所产生的最好的一系列解与原有的非劣解集进行比较，用所产生的更好的解代替原有的劣解。这样计算结束时所得到的就是算法中产生的最好的非劣解，从而构成非劣解集。

算法中设计了一个非劣解集缓冲池，在第一代进化时，将表现最好的 n 个个体存放入缓冲池，记为"原非劣解集" B。而后在每代进化完成时，都将该代所得到的表现最好的 n 个提取出，记为"新非劣解集" P。逐个比较 P 和 B 中的个体，进行优解替换。替换算法流程见图 6-3。

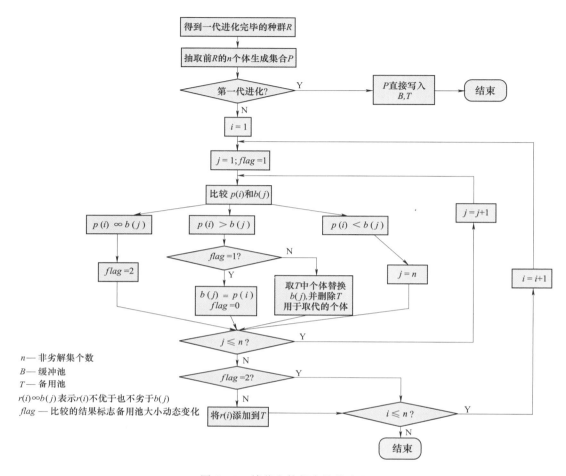

图 6-3　精英个体保存替换流程

　　根据设计来水条件，耦合经历史资料验证的水量演进模型，结合各水库（电站）的实际调度准则决定具体的约束条件。建立骨干水库群水量统一调度模型。

▶▶ 6.3　水库群水量统一方案

6.3.1　长系列调节计算

　　光照水库、天生桥一级水库、龙滩水库和百色水库等有年调节能力的水库根据 1954 年 5 月至 2000 年 4 月共 46 年长系列流量进行逐月调算。下游控制断面梧州站抑咸流量的破坏年份由 42 年减少到 15 年，破坏月份由 124 个月减少至 28 个月，年保证率达到 67.4%。梧州断面月平均流量不能达到抑咸流量的年份需补水量见表 6-1，各月破坏次数对比见图 6-4。

表 6-1　　　　　　　　　　　　梧州控制断面破坏年份需补水量

保证率/%	水文年份	缺水量/亿 m³	保证率/%	水文年份	缺水量/亿 m³
67.4			84.8	1963—1964	12.44
69.6	1957—1958	0.13	87.0	1956—1957	13.77
71.7	1971—1972	2.17	89.1	1954—1955	14.90
73.9	1961—1962	3.30	91.3	1958—1959	16.18
76.1	1962—1963	4.08	93.5	1998—1999	17.46
78.3	1966—1967	4.29	95.7	1975—1976	30.21
80.4	1955—1956	6.94	97.8	1989—1990	45.66
82.6	1960—1961	9.63	100.0	1992—1993	50.68

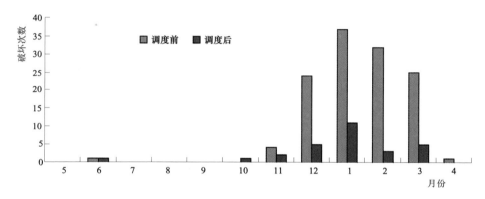

图 6-4　梧州断面各月破坏次数对比图（原方案）

其中唯一一次发生在汛期的破坏是 1963 年 6 月，1963 年除 7—9 月外（最大也不超过 8000m³/s）外，梧州断面月平均流量均小于 3000m³/s，最小的是 1 月为 1100m³/s，持续偏枯至 6 月，骨干水库一直维持在下调度线附近运行。根据骨干水库的调度图，6—10 月下调度线是逐步抬升的，出库流量小于天然流量，造成梧州断面 10 月的抑减流量由调度前的满足变成了调度后的破坏，这是唯一一次增加的破坏月份。而 1963 年 10 月至 1964 年 3 月梧州断面的天然平均流量为 2780m³/s，接近多年平均流量。

6.3.2　典型年水量调度方案

本次研究选取 1989 年 5 月至 1990 年 4 月、1992 年 5 月至 1993 年 4 月、1998 年 5 月至 1999 年 4 月三个典型枯水年，根据长系列逐月调算拟定骨干水库群的起调水位，增加岩滩和长洲水库，选择 10 月至翌年 3 月作为调度周期，进行典型年的逐日计算。

1. 1989—1990 典型年

1989 年 10 月至 1990 年 3 月梧州站平均流量为 2720m³/s，是"前枯后丰"的典型，根据长系列计算结果，由于 1989 年汛期来水量较小，汛末蓄水不足，天生桥一级水库、龙滩水库的起调水位接近水库下调度线。骨干水库群的起调水位见表 6-2。

表 6-2　　　　　　　　　　**1989—1990 典型年水库起调水位**　　　　　　　　单位：m

水库	光照水库	天生桥一级水库	龙滩水库	百色水库	岩滩水库	长洲水库
起始水位	740.12	760.35	354.90	220.60	223.00	20.60

下游控制断面梧州站调度前后流量对比见图 6-5。

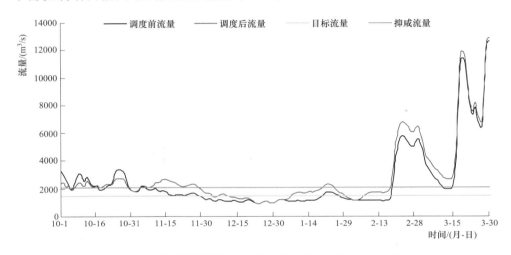

图 6-5　梧州断面调度前后流量对比图（1989—1990 年）

骨干水库群枯水期补水量为 56.88 亿 m³，发电量为 106.33 亿 kW·h，梧州断面生态流量合格天数由调度前的 87d（合格率 48%）提高到 114d（63%），抑咸流量合格天数由调度前的 65d（36%）提高到调度后的 99d（54%）。

2. 1992—1993 典型年

1992 年 10 月至 1993 年 3 月梧州站平均流量为 1640m³/s，根据长系列计算结果，由于 1992 年汛期来水量较小，汛末蓄水不足，天生桥一级水库、龙滩水库的起调水位接近水库下调度线。骨干水库群的起调水位见表 6-3。

表 6-3　　　　　　　　　　**1992—1993 典型年水库起调水位**　　　　　　　　单位：m

水库	光照水库	天生桥一级水库	龙滩水库	百色水库	岩滩水库	长洲水库
起始水位	745.00	760.35	359.15	219.43	223.00	20.60

下游控制断面梧州站调度前后流量对比见图 6-6。

骨干水库群枯水期补水量为 73.36 亿 m³，发电量为 107.78 亿 kW·h，梧州断面生态流量合格天数由调度前的 59d（合格率 32%）提高到 103d（57%），抑咸流量合格天数由调度前的 25d（14%）提高到调度后的 71d（39%）。

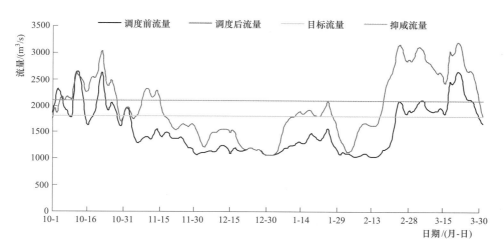

图6-6 梧州断面调度前后流量对比图（1992—1993年）

3. 1998—1999典型年

1998年10月至1999年3月梧州站平均流量为1670m³/s，根据长系列计算结果，受"98·6"洪水影响，骨干水库汛末蓄水较为理想。骨干水库群的起调水位见表6-4。

表6-4 1998—1999典型年水库起调水位 单位：m

水库	光照水库	天生桥一级水库	龙滩水库	百色水库	岩滩水库	长洲水库
起始水位	745.00	763.98	372.71	224.08	223.00	20.60

下游控制断面梧州站调度前后流量对比见图6-7。

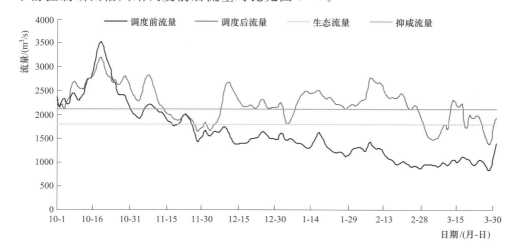

图6-7 梧州断面调度前后流量对比图（1998—1999年）

骨干水库群枯水期补水量为108.65亿m³，发电量为134.54亿kW·h，梧州断面生态流量合格天数由调度前的54d（合格率30%）提高到158d（87%），抑咸流量合格天数由调度前的37d（20%）提高到调度后的126d（69%）。

▶▶ 6.4　同等蓄水条件下梧州断面不同来水过程的调度影响分析

根据典型年枯水期水量调度方案，1992 年 10 月至 1993 年 3 月与 1998 年 10 月至 1999 年 3 月枯水频率相当，均为特枯年份，但由于汛末蓄水不同，1998—1999 年的流量合格率的提高程度明显优于 1992—1993 年。为消除水库蓄水影响，考虑最不利情况下，将骨干水库的下调度线/死水位为起调水位，进行 3 种典型年的调度作为基准方案，进行蓄水条件的调度影响分析。其中骨干水库的补水量为 51.33 亿 m³。

1. 1989—1990 典型年

基准方案下，骨干水库在遭遇 1989—1990 年（前枯后丰的典型）典型枯水年份，枯水期（10 月至次年 3 月）总发电量为 99.91 亿 kW·h，梧州断面枯季生态流量合格天数由调度前的 87d（合格率 48%）提高到 125d（69%），抑咸流量合格天数由调度前的 65d（36%）提高到 77d（42%）。梧州断面流量过程见图 6-8。

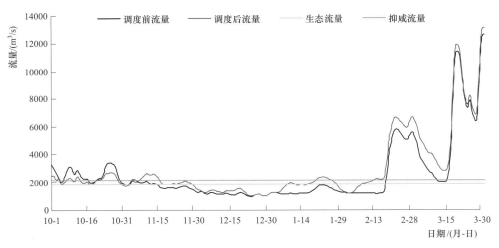

图 6-8　基准方案梧州调度图（1989—1990 年）

2. 1992—1993 典型年

基准方案下，骨干水库在遭遇 1992—1993 年（$P=97\%$）典型枯水年份，枯水期（10 月至次年 3 月）总发电量为 96.85 亿 kW·h，梧州断面枯季生态流量合格天数由调度前的 59d（合格率 32%）提高到 94d（52%），抑咸流量合格天数由调度前的 25d（14%）提高到 49d（27%）。梧州断面流量过程见图 6-9。

3. 1998—1999 典型年

基准方案下，骨干水库在遭遇 1998—1999 年（$P=96\%$）典型枯水年份，枯水期（10 月至次年 3 月）总发电量为 104.53 亿 kW·h，梧州断面枯季生态流量合格天数由调度前的 54d（合格率 30%）提高到 117d（64%），抑咸流量合格天数由调度前的 37d（20%）提高到 58d（32%）。梧州断面流量过程见图 6-10。

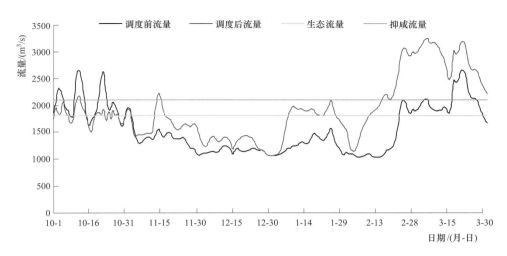

图 6-9 基准方案梧州调度图（1992—1993 年）

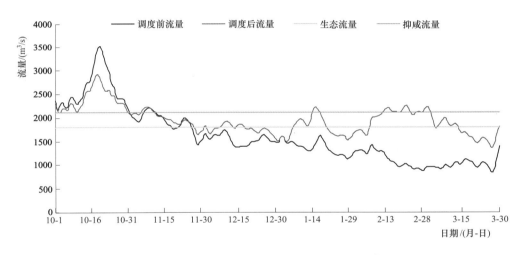

图 6-10 基准方案梧州调度图（1998—1999 年）

4. 影响分析

基准方案下典型枯水各目标满足情况见表 6-5。

表 6-5　　　　　　　　　　基　准　方　案　调　度　结　果

典 型 年 份	发电量 /亿 kW·h	梧州控制流量合格天数/d			
		1800m³/s		2100m³/s	
		调度前	调度后	调度前	调度后
1989 年 10 月至 1990 年 3 月	99.91	87	125	65	77
1992 年 10 月至 1993 年 3 月	96.85	59	94	25	49
1998 年 10 月至 1999 年 3 月	104.53	54	117	37	58

在水库同等蓄水条件下，根据梧州断面调度前后流量对比，各阶段的调度特征如下。

（1）由于 10 月起调水位是各水库的下调度线，为满足调度图约束。因此 10 月的出库流量一般小于入库流量，与调度前相比，调度期初（10 月及 11 月初）梧州断面流量相应减少。

（2）在枯水期 12 月至翌年 2 月一般是抑咸调度的关键期，天然流量较小，在此期间，调度后梧州断面流量均有不同程度的提高。根据水库调度图，骨干水库每个月的可调水量是一定的。同时，根据模型设计，为避免水量调度造成生态环境的破坏，在调度前梧州流量低于生态流量的时段内，采用罚函数要求提高调度后的流量，因此，在此期间，调度后流量一般较调度前有所提高，但真正达到控制流量（生态流量或抑咸流量）的时段不多。

（3）3 月梧州断面天然流量有丰有枯，但从追求梯级发电量最大目标出发，调度前期为利用高水头，水库出库流量较小，直到调度后期，为利用全部有效库容，骨干水库一般会放水至 3 月下调度线。无论丰枯，调度后梧州断面 3 月流量较天然情况均有所提高。在 3 月控制断面梧州站达到控制流量的时段较多。

综上分析，对梧州断面枯季天然流量"前大后小"的来水过程（如 1998—1999 年），流量目标与发电目标能较好的结合起来，发电量较大，且控制流量达标天数提高较多；对常见的"两头大、中间小"的来水过程（如 1992—1993 年），调度效果一般；最不利是"前小后大"的天然来水过程（如 1989—1990 年），为满足控制流量要求，水库应在前期放水，但从追求发电量最大角度出发，要求在调度后期放水，发电量与流量目标矛盾突出。

第 7 章

复杂感潮河网区
闸泵群联合调度

　　以珠江三角洲为代表的典型感潮河网区，河涌密布，水系拓扑关系庞杂，既受下游潮汐动力的周期性影响，又受上游流域河流不确定性径流过程的影响，同时联围内大量外江闸泵、内部片区节制闸和排涝泵等各类水利工程进行着外部调节和局部目标各不相同的人为调控，从而不仅使得河网区联围内自身的水流动力过程、污染物迁移转化过程极其复杂，也让联围内河涌与外江水系之间的水流、物质流的连通和交互作用过程更为复杂。如何科学运用联围闸泵群进行联合智能调度，进而实现防洪、排涝、抑咸供水、水环境改善等多目标的优化调控，则必须深入研究闸泵群调控下的感潮河网内外江水系连通特征，揭示径潮共同作用下的复杂平原河网区水流运动和污染物变化规律，阐明闸泵群联合调控驱动下的河网区水流、物质响应机理。

7.1.1　径流潮汐作用下的联围内水流物质运动特征

　　在所有水闸均打开、泵站不抽排的条件下，水流和污染物通过各闸门处实现外江水系与内河涌的有效连通，感潮河网区联围内河涌水流自然流动，其水位、流速、流向明显受外江潮动力和上游径流的共同作用向内河涌中心传递，动力强弱受距离远近的变化而变化，同时也受其他不同河涌水闸水流物质进出过程的扰动，使得联围内河涌不同河段在不同时刻出现不同的水力要素变化状态和趋势，污染物迁移转化过程也相应呈现不同的时空分布特征。

在感潮河网区，受外江潮位的周期性变化驱动，联围内河涌水流往往呈现周期性的往复运动，这种运动兼有"波"和"流"运动的双重特征。所谓"波"动，即水体的垂向运动，而不发生水平输移；而"流"动，即水体的水平运动，沿河涌迁移。"流"动强烈有序能够有利于水流、物质的快速单向输移，从而可使感潮河网区内河涌中心的水流和物质持续运动达到外江，外江的水体持续进入内河涌，实现内河涌与外江的有效连通和水流物质的高效置换，对改善联围内河涌水动力格局、水环境质量具有重要作用；"波"动强烈能够有利于物质的掺混和扩散，对感潮河网区内河涌水体含氯度的降低（在非人为调控利用下，也会使得含氯度升高）、污染物扩散降解有利，从而改善内河涌水质。

以珠江三角洲最具代表性的中顺大围为例分析，其内最主要的内河涌岐江河（又名石岐河）呈东西走向，两端分别与外江磨刀门水道、小榄水道相连通。在外江水闸全开条件下，水流和污染物左右往复游荡，中心河段水动力弱、水体物质交换差，其原因是无人为闸泵调控情况下，内河涌水体"流"动无序、中部河段水体在东西两端潮汐作用下"波"动衰减，从而水体、物质的交换以及掺混、扩散等效率均较低，水环境改善困难。

图 7-1 是分析时段的初始时刻 1 月 18 日 9：00—11：00 的岐江河沿程水位过程图。初始时刻，内水位高于外江水位，内水位为 0m，东河、西河闸外初始水位为 −0.43m、−0.39m，所有闸门突然打开，岐江河通过东河、西河水闸向外排水，闸门附近内水位降低，并导致岐江河水流从中心处流向两端。水位变化最迟的断面位于距西河水闸约 21.8km 处，基本为岐江河河段中心，于 10：00 其水位才开始逐步降低，且在随后岐江河水位降低的过程中，河段中心处的水位变幅最小，降低速度最慢。可见，由于岐江河水位变化主要受两端外江潮位影响，且外江潮位相位基本一致，潮位差不大，导致岐江河无法形成单向流，其中部水流动力较弱，水位变化较小。而在后续的潮位上涨过程中，外江水体从两端基本同时进入，逐渐向河涌中心汇进，并在岐江河中点附近碰头。在整个不断的进出过程中，由内外水位差产生的动力，导致的内河涌水体"波"动逐渐减弱，波形"坦化"和散乱，而中心河段的"流"动也降低，且左右往复，不能形成对水体、物质输移和交换有利的单向流。

通过上述分析可知，在闸门打开不调控的情况下，自然的外江潮汐动力对联围内河涌的水流和物质的驱动，是通过"波"动和"流"动的双重作用共同实现的，而"波"动和"流"动强度的逐渐减弱、"流"动方向的往复，是水体、物质在内河涌与外江之间的交换过程中效率不高的根本原因。因此，从改善联围内河涌水动力、水环境等角度来看，感潮河网区内外江水系连通的核心不是消除闸门阻碍、实现水流自由进出，相反的，是操纵闸泵启闭，科学调控内外江水系连通过程，从而营造正效应的水体"波"动和"流"动，加强内河涌水动力，保障水流物质的持续、单向运动，实

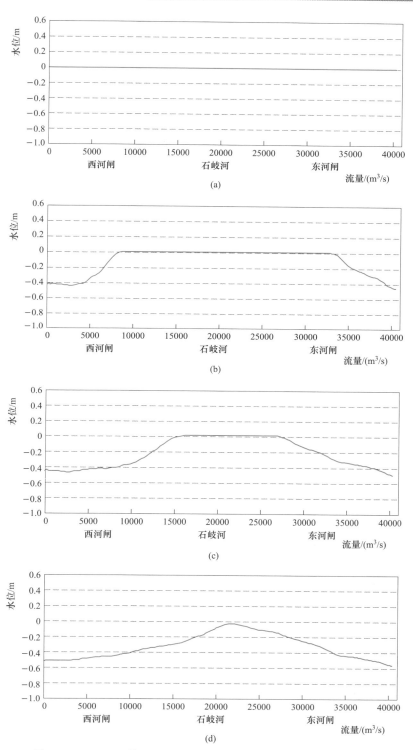

图 7-1 （一） 1 月 18 日 9：00—11：00 岐江河沿程水位过程图

（a）时刻：9：00；（b）时刻：9：20；（c）时刻：9：40；（d）时刻：10：00

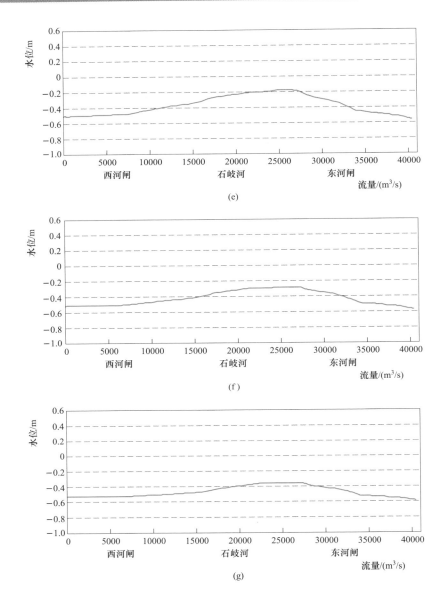

图 7-1（二）　1 月 18 日 9：00—11：00 岐江河沿程水位过程图

（e）时刻：10：20；（f）时刻：10：40；（g）时刻：11：00

现抑咸供水、改善水环境等目标。

单一河流受外江潮汐动力作用，水体"波"动和"流"动下的水动力、水环境变化规律较为简单，但感潮河网区河涌密布交互相连、多水闸水流自由进出时，联围内河涌的水流和物质运动将十分复杂，在不同特征潮位、不同内源污染物汇入等条件下，将可能呈现出不同的水动力、水环境时空变化特征。

同样以中顺大围为研究对象，在其东西干堤与外江相连通的水闸全部打开情况下，内河涌水位迅速随外江潮位周期波动变化，并进一步通过"波"动和"流"动的形式带动联围内部河涌水位变化。

　　由于潮汐动力向内传播过程中"波"动和"流"动的衰减，中顺大围中部区域的水位变化最为迟缓，尤其以中心南北走向的凫洲河下部、横琴海、中部排水渠河段最为明显。图 7-2 为典型枯水水文条件 2011 年 1 月 8 日 1：00 高高潮位、2011 年 1 月 9 日 9：00 低低潮位时刻中顺大围内河涌水位分布，图 7-3 为典型中水水文条件 2011

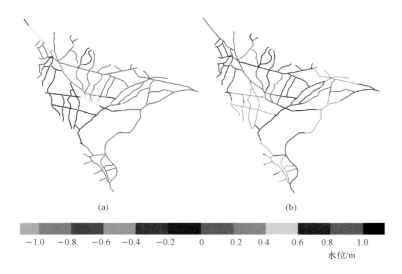

图 7-2　不同时刻中顺大围内河涌水位

(a) 2011 年 1 月 8 日 1：00 高高潮位；(b) 2011 年 1 月 9 日 9：00 低低潮位

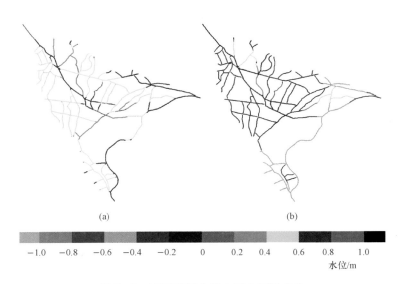

图 7-3　不同时刻中顺大围内河涌水位

(a) 2011 年 8 月 16 日 12：00 高高潮位；(b) 2011 年 8 月 17 日 8：00 低低潮位

年 8 月 16 日 12：00 高高潮位、2011 年 8 月 17 日 8：00 低低潮位时刻中顺大围内河涌水位分布，可见联围中部由于动力较弱，水位变化滞后于与外江连通片区河涌，且水位变幅相对较小。

在外江涨潮期间，中顺大围主干河涌岐江河在东河、西河外江潮汐内外水位差产生的"波"动由东、西河闸向内河涌对向传播，带动内河涌水位的上涨，在岐江河正中略偏东处形成汇潮点，汇潮点水位波动滞后外江潮位约 1h（图 7-4）。凫洲河—横琴海—中部排水渠—狮滘河的内河涌水流运动特性与岐江河类似，凫洲河下部、横琴海、中部排水渠水动力较弱的河段水位波动滞后外江潮位 4h 左右（图 7-5）。

在所有水闸均打开、泵站不抽排，中顺大围内河涌水体在外江潮汐动力的作用下，通过外江水闸周期性进出，内河涌水体无法形成单向有序流动，呈现往复运动，联围中部水体难以与外江水体交换。图 7-6、图 7-7 分别为 2011 年 1 月和 2011 年 8 月典型水文条件下岐江河、中部排水渠中部的水位、流量变化过程，可见随着水位的周期性波动，水流方向（由流量正负体现）周期性改变，水流往复运动。

与水动力变化规律一样，在径流潮汐动力的自然驱动下，整个中顺大围河网区污染物浓度变化特征都与水动力变化高度相关，整体变化过程与水动力变化类似，即与外江相连通的河涌及周边河涌"波"动和"流"动较强，水体交换较快，污染物浓度下降较快，而联围中部河涌"波"动和"流"动衰减、"流"动往复，水体交换速度较慢、污染物扩散降解较慢，污染物浓度下降相对较慢。图 7-8、图 7-9 为 2011 年 1 月典型水文条件下的中顺大围内河涌污染物浓度分布随时间变化情况，图 7-10、图 7-11 为 2011 年 8 月典型水文条件下的中顺大围内河涌污染物浓度分布随时间变化情况。

在特定断面上，污染物浓度随时间变化过程也体现了潮汐动力作用下"波"动和"流"动引起的周期性变化特征。图 7-12、图 7-13 分别为 2011 年 1 月、2011 年 8 月典型水文条件下不同时刻岐江河沿程特定断面的污染物浓度变化过程。可见，随着时间的变化，岐江河各分析断面的 COD 呈降低趋势，且靠近外江的断面呈现与外江潮位较为一致的波动式降低，靠近中心的断面受潮汐动力影响较弱且与受联围中部河涌的水体汇入波动不规则；受岐江河中部河段内污水较高浓度 NH_3-N 排放的影响，岐江河 NH_3-N 降低趋势不明显，特别是中部断面 NH_3-N 呈波动上升状态。岐江河各断面 COD、NH_3-N 变化的速度差异明显，基本上越靠近东河水闸的断面其 COD、NH_3-N 下降越快，靠近西河水闸的断面 COD、NH_3-N 下降较慢，而中部河段由于水动力较弱和受排污口影响其 COD 下降缓慢，NH_3-N 甚至缓慢上升。

通过上述分析可以看出：

（1）受外江潮汐的作用，感潮河网区联围内河涌水流均有"波"动和"流"动的双重运动特性，其水位变化基本与外江潮位变化趋势一致，具有与外江类似的明显潮汐变化特征。

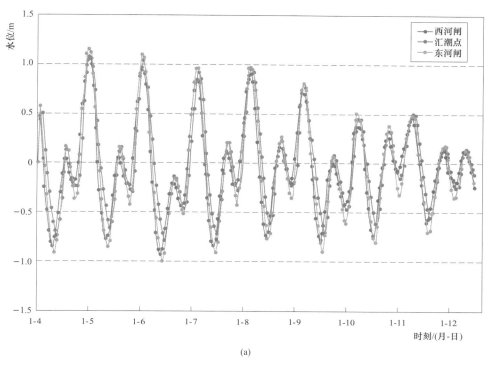

(a)

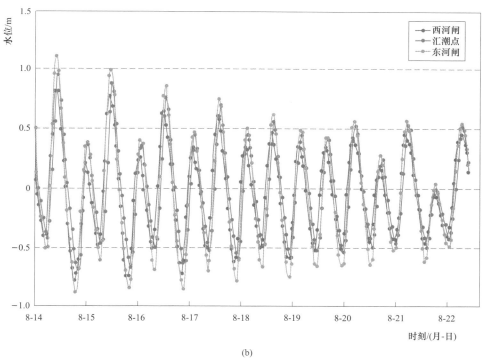

(b)

图 7-4 岐江河汇潮点和东河闸、西河闸处的水位过程线

(a) 2011 年 1 月；(b) 2011 年 8 月

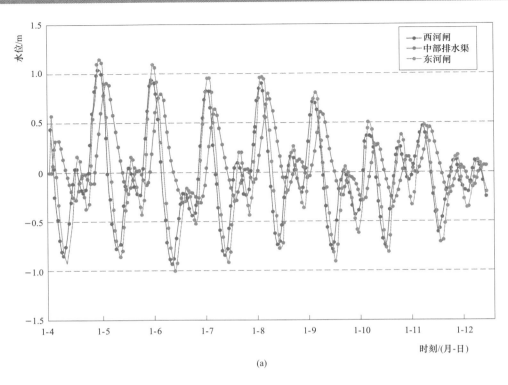

(a)

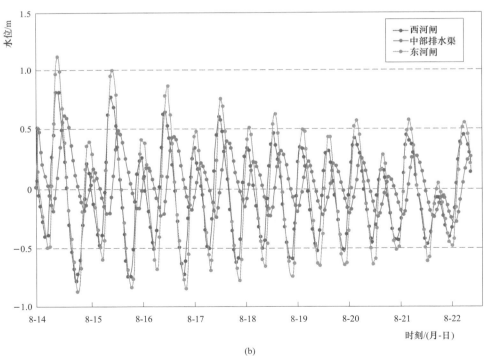

(b)

图 7-5　中部排水渠中部和东河闸、西河闸处的水位过程线

（a）2011 年 1 月；（b）2011 年 8 月

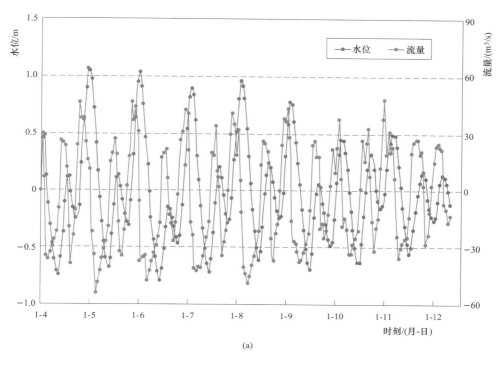

(a)

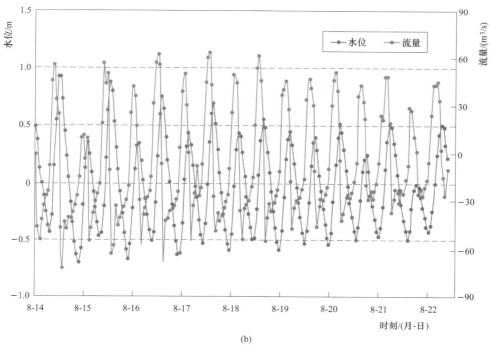

(b)

图 7-6 岐江河中部水位、流量变化过程线

（a）2011 年 1 月；（b）2011 年 8 月

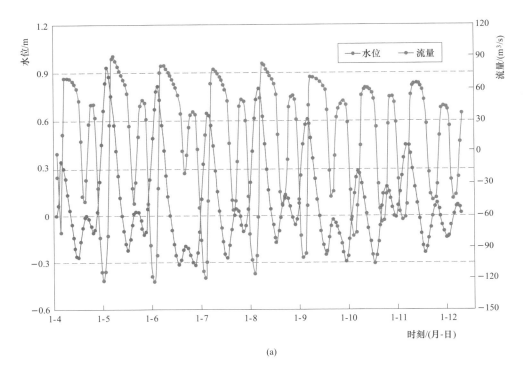

(a)

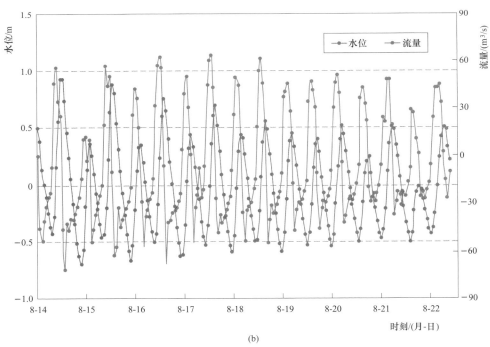

(b)

图 7 - 7 中部排水渠中部水位、流量变化过程线

（a）2011 年 1 月；（b）2011 年 8 月

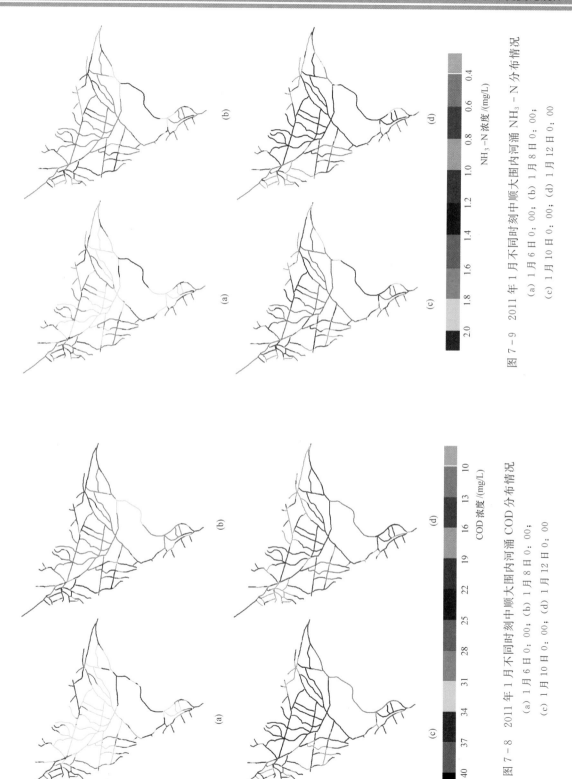

NH₃−N 浓度/(mg/L)

0.4
0.6
0.8
1.0
1.2
1.4
1.6
1.8
2.0

图 7-9 2011 年 1 月不同时刻中顺大围内河涌 NH₃ - N 分布情况
(a) 1 月 6 日 0：00；(b) 1 月 8 日 0：00；
(c) 1 月 10 日 0：00；(d) 1 月 12 日 0：00

COD 浓度/(mg/L)

10
13
16
19
22
25
28
31
34
37
40

图 7-8 2011 年 1 月不同时刻中顺大围内河涌 COD 分布情况
(a) 1 月 6 日 0：00；(b) 1 月 8 日 0：00；
(c) 1 月 10 日 0：00；(d) 1 月 12 日 0：00

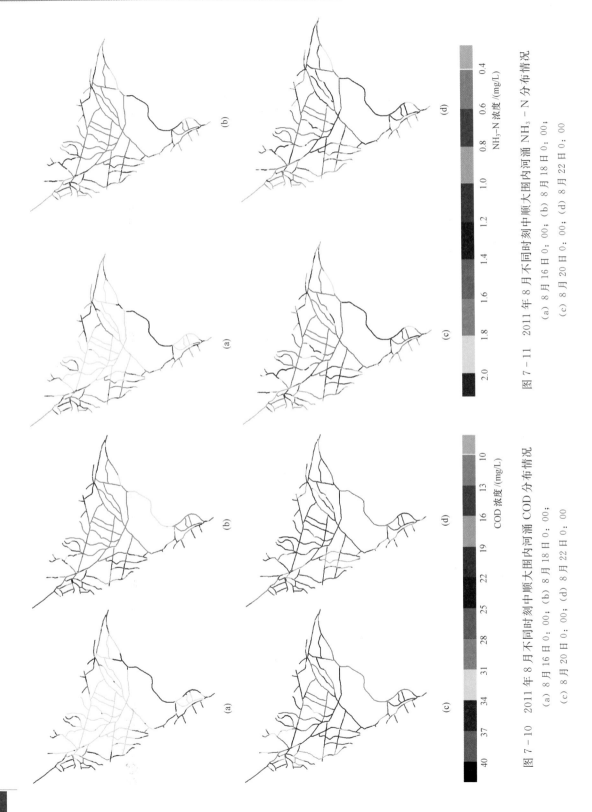

图 7 - 11　2011 年 8 月不同时刻中顺大围内河涌 NH₃ - N 分布情况

　　(a) 8 月 16 日 0：00；(b) 8 月 18 日 0：00；

　　(c) 8 月 20 日 0：00；(d) 8 月 22 日 0：00

图 7 - 10　2011 年 8 月不同时刻中顺大围内河涌 COD 分布情况

　　(a) 8 月 16 日 0：00；(b) 8 月 18 日 0：00；

　　(c) 8 月 20 日 0：00；(d) 8 月 22 日 0：00

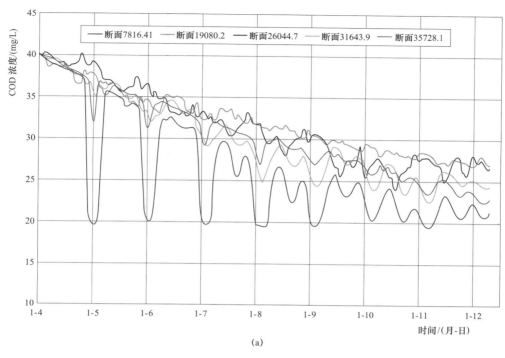

(a)

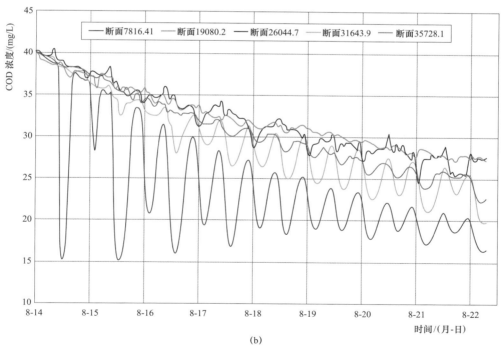

(b)

图 7-12　岐江河沿程断面 COD 变化过程

（a）2011 年 1 月；（b）2011 年 8 月

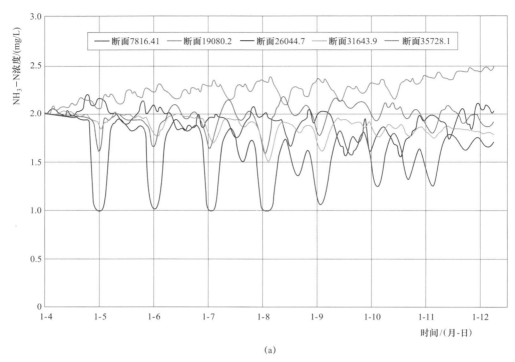

(a)

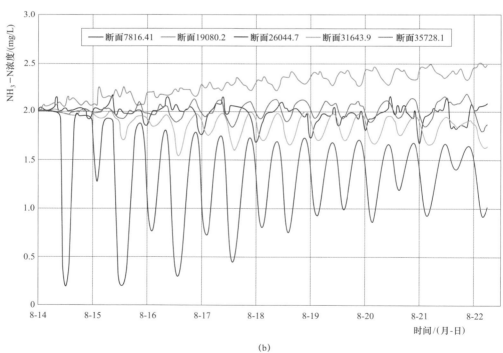

(b)

图 7-13　岐江河沿程断面 NH$_3$-N 变化过程

（a）2011 年 1 月；（b）2011 年 8 月

（2）由于"波"的传播时间差和传播过程中的动力衰减，联围中部河涌水位变化滞后于外江潮位变化，水位变化幅度明显小于外江潮位和直接与外江连通的内河涌，使得联围中部水动力相对较弱。

（3）多水闸水流自由进出导致内河涌水体"流"动往复游荡，无法形成单向有序流动，联围中部水体难以与外江水体交换，污染物置换和扩散降解速度慢，水环境改善效果差。

7.1.2　水闸调控对联围内水动力水环境的作用过程

感潮河网区联围内河涌与外江水道的水力—水环境联系过程都通过外江水闸泵站的调度来控制。从联围整体来看，闸泵调度的本质是改变无闸泵下外江天然径流潮汐动力边界为人为调控的联围水动力、水环境的输入输出边界，从而影响联围内河涌水流、物质的运动过程，进而达到预定的调控目标。

外江闸泵作为一个可调的开关，控制了外江和联围内河涌两个相互联系而又相对独立的水动力水环境系统，这两个系统之间的作用和反馈对双方的相对影响程度不尽相同。总体来说，外江径潮变化对联围内河涌的驱动作用明显，能很大程度改变河涌各断面处水位、流速等水动力要素，也同时改变内河涌各点的盐度、污染物的迁移转化，基本决定了联围内河涌水动力、水环境的时空分布特征和变化趋势；而水流、物质的从外江向联围内河涌的输入以及从联围内河涌向外江的排出过程则对外江水流、物质的影响相对小得多。闸泵群调控正是利用了第一种具有显著效应的驱动—响应特征。

在感潮河网区，外江水闸对联围内水动力水环境的调控主要是在一定的约束条件下改变闸门启闭状态控制联围内河涌水位，实现有序的引水或排水。一般情况下，内河涌限制水位是基本约束，闸门启闭往往产生类似"削峰"或"弃谷"的调控效果。

以进水为主要调度功能的外江水闸，一般在潮位上涨超过内河涌水位时开闸进水，通过潮位上涨产生的水位差驱动水体的"波"动和"流"动，促进水体和污染物向联围内部运动，增强水动力、增加环境容量；但当潮位上涨使得闸内水位接近内部控制水位（如防洪排涝控制水位）时，则闸门关闭，此时水流物质仍然向联围内部运动，但力度有所减弱。在落潮期间，外江潮位低于内河涌水位时，进水闸维持关闭状态，闸内水位因补充内部河涌而下降，但降低速度远低于外江潮位的自然落潮速度。当下一个涨落潮过程来临时，上述闸门调控过程同样进行，则联围内水流物质开始一个新的、相似的周期性运动。这种涨潮期间的闸门开启引水，即相当于在联围内河涌与外江相连位置周期性的给予一个向内的驱动力脉冲，产生"波"和"流"的驱动，作用给引水闸所在河涌，并向内传递给其他相连接的更多河涌。因此，正如前所述感潮河网区内外江水系连通的核心是营造正效应的水体"波"动和"流"动一样，引水水闸控制内外江水系连通的根本是调控产生与涨落潮周期对应的"波"动和"流"动的脉冲输入，这种脉冲输入过程在水位变化上表现为"弃谷"，即闸内水位在未达到控制水位的高潮位期间与外江潮位保持基本一致，而在落潮期间与外江潮位分离，丢弃对进水产生负效应的潮汐波谷。图

7-14、图 7-15 分别为水闸调控下中顺大围西河水闸、拱北水闸引水过程中外江潮位与
内河涌水位变化过程。西河水闸内河涌控制水位较高，则其对涨潮过程的"波"和"流"
驱动利用较为充分，而拱北水闸内河涌控制水位较低，其涨潮期间高水位时关闸挡水防
内涝，损失了可利用的高潮位期间的"波""流"驱动力。

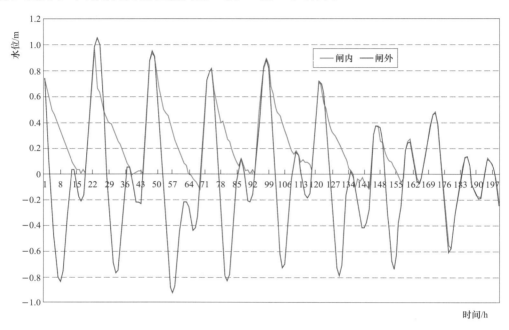

图 7-14　2011 年 1 月水闸调控下的西河闸引水时内外水位过程

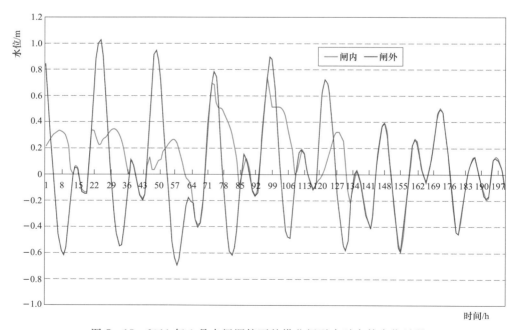

图 7-15　2011 年 1 月水闸调控下的拱北闸引水时内外水位过程

　　与进水相对，以排水为主要调度功能的外江水闸，一般在内河涌水位上涨超过外江潮位时开闸排水，通过内外水位差驱动水体的"波"动和"流"动，这种驱动往往与河涌另一端的引水驱动相联合，共同形成较强的"波"动和持续单向的"流"动，促进内河涌水体与外江的交换，从而改善内河涌水动力水环境。在涨潮期间，外江潮位高于内河涌水位时，排水闸维持关闭状态，闸内水位不变或因其他水闸引水补充内部河涌而缓慢上升，但水位变化速度远低于外江潮位的自然涨潮速度。与开闸进水时联围内水位周期变化类似，当下一个涨落潮过程来临时，上述排水闸门调控过程同样周期进行。图7-16、图7-17分别为水闸调控下中顺大围西河水闸、拱北水闸排水过程中外江潮位与内河涌水位变化过程。

　　在引水闸、排水闸的联合调控下，联围内河涌水流、物质将在"波"和"流"驱动下持续有序的向某一特定方向运动，且这种运动过程带来水环境改善等效果要比天然条件下明显更优。图7-18为天然条件下和有闸泵调控下的岐江河沿程水位变化过程。可见，在东西水闸联合调控下，实现了西进东出的单一流向，在高潮位时西河水闸的进水、东河水闸挡水形成了由西向东的波动和流动，从而在低潮位时，内河涌水体能够在这种"波"和"流"驱动脉冲下逐步向东挺进，并最终从东河水闸排水。这种周而复始的持续过程，显著提高了外江水体西边引进、内河涌污水东边排出的水体置换效率，则水环境改善速度最快。

　　当众多水闸同时进行上述引排水调控时，则联围内河涌水动力条件能够得到显著增强，但水闸调控对水流流动方向的一致性控制时机的确定变得十分复杂。

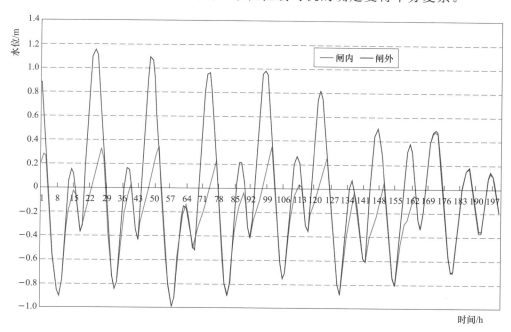

图7-16　2011年1月水闸调控下的东河闸排水时内外水位过程

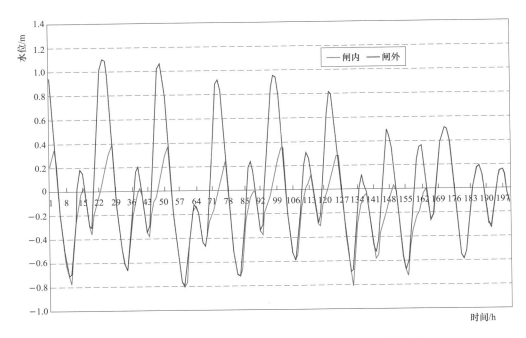

图 7-17　2011 年 1 月水闸调控下的铺锦闸排水时内外水位过程

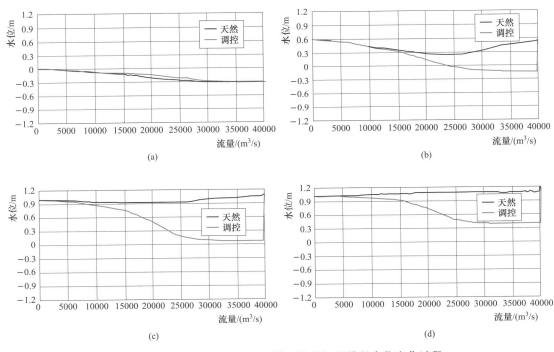

图 7-18（一）　有无闸泵调控下的岐江河沿程水位变化过程

（a）4 日 18：00；（b）4 日 20：00；（c）4 日 22：00；（d）5 日 00：00

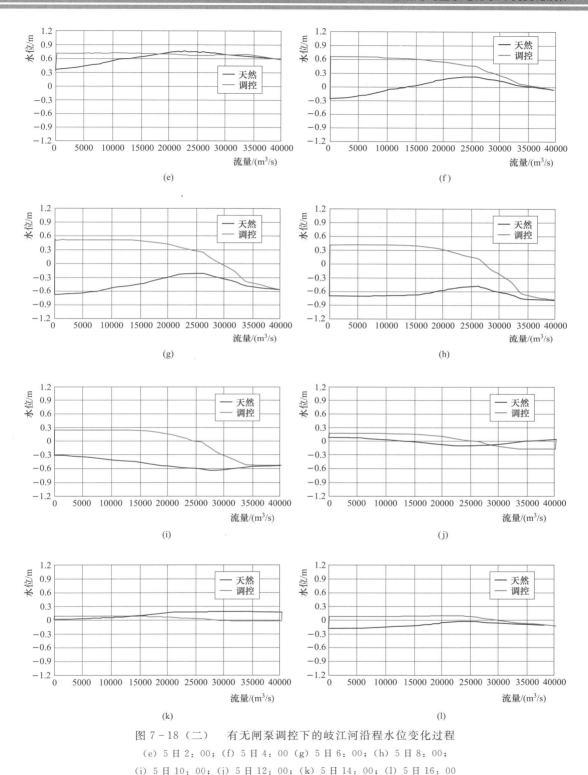

图 7-18（二） 有无闸泵调控下的岐江河沿程水位变化过程

（e）5日2：00；（f）5日4：00 （g）5日6：00；（h）5日8：00；

（i）5日10：00；（j）5日12：00；（k）5日14：00；（l）5日16：00

▶▶▶ 7.2　闸泵群调度模型结构与原理

7.2.1　建模思路

改善水环境的水网区闸泵群调度模型的主要思想是根据河网区上游来水和外江潮位变化情况，在保证联围内河涌防洪排涝安全的前提下，合理控制联围与外江相连处各水闸泵站的启闭状态，适时将外江水量引入联围内，在联围各河涌内形成水流有序、可控流动的局面，加强内河涌水动力，加快污染物的输移和扩散，从而联围内地表径流携带的面源污染物和主要排污口排入内河涌的点源污染物从其他水闸泵站处排至外江，依靠水闸泵站联合调控的方法实现内河涌的水质置换，改善水环境。

因此，改善水环境的水网区闸泵群调度模型建立的目标是改善河网区水环境质量，采用的方法是闸泵群联合调度，调度模型主要以河网区一维非恒定流模型为基础，同时建立降雨径流模型和非点源污染模型模拟点面源污染物入汇过程，选择特定水质指标建立水质模型，在此基础上，加入水闸泵站的调控模拟模型，形成一套完整的基于改善水环境的水网区闸泵群调度模型，用于典型水网区的水环境变化特征的分析和改善水环境调度方案的制定。

而针对枯水期抑咸补淡的河网区闸泵群调度模型是在水环境改善调度的基础上，在适时将外江淡水资源引入联围置换内河涌污水的同时，尽可能蓄积最多的淡水，并于压咸期间释淡补水，保障取水口取水安全，其调度过程包含置换污水、蓄积淡水、释淡补水三个有机联系的阶段。

7.2.2　模型结构

闸泵群水环境改善和抑咸调度模型由城市化地区降雨径流模型、城市非点源污染物模型、感潮河网区一维水动力模型、河网一维水质模型，以及闸泵调控模拟模型等多个过程模拟模块构成。其中，河网区一维水动力模型是基础，用于模拟典型水网区内河涌各断面处的水位、流速等水动力要素；降雨径流模型计算分析典型河网区不同分区的降雨径流过程，是非点源污染物迁移过程模拟的基础；非点源污染物模型主要模拟在一定污染源强下经降雨径流入汇内河涌的污染物浓度过程和流量过程；河网一维水质模型以水动力模型为基础，在降雨径流模型提供的入河流量过程线和非点源污染物模型提供的入河污染物浓度过程线的内边界输入下，计算分析联围内河涌各断面处的污染物浓度过程；闸泵调控模拟模型主要模拟在一定调度方案下的外江水闸泵站和内河涌节制闸、排涝泵站对水流的调控过程，从而控制内河涌污染物的运动以及特定水闸对外江的补淡流量过程。

闸泵群水环境改善和抑咸调度模型结构示意图见图 7-19。

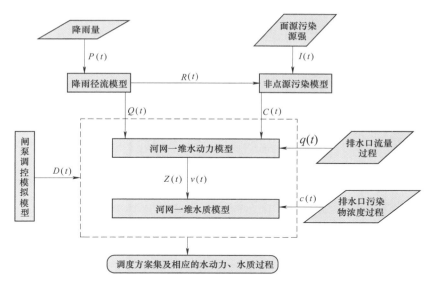

图 7-19 模型结构示意图

7.2.3 模型基本原理

1. 降雨径流模型

在珠江三角洲等高度城市化的平原地区，降雨径流的模拟分析一般采用城市雨洪径流模型，如 SWMM、HSPF、MIKE URBAN 等。这类模型往往在模拟降雨在城市化下垫面（包括屋顶、街道、停车场、绿化带等）产汇流（一般还包括城市地下管网的汇流过程）的同时，还耦合了水量模型和水质模型，将地表污染物随雨水径流流动的过程（包括沉淀、内部化学作用等）一并进行模拟。

当由于缺少研究区地下管网基础数据和管网汇流节点的水质监测数据，难以建立可靠的城市管网水量—水质模拟模型，闸泵群调度模型对研究区降雨径流过程的模拟往往采用简化方法进行。在各分区内，各时段产流量根据降雨量和综合径流系数确定，即

$$R_i(t) = c_i P_i(t) \tag{7-1}$$

式中：$R_i(t)$ 为 t 时段 i 分区的径流量；$P_i(t)$ 为 t 时段 i 分区的降雨量；c_i 为 i 分区的综合径流系数。

而综合径流系数可以通过查阅城市排水设计手册、室外排水设计规范等获取，见表 7-1。

表 7-1 城市综合径流系数取值

区 域 下 垫 面 情 况	综合径流系数
建筑稠密的中心区（不透水覆盖面积大于 70%）	0.6～0.8
建筑较密的居住区（不透水覆盖面积为 50%～70%）	0.5～0.7
建筑较稀的居住区（不透水覆盖面积为 30%～50%）	0.4～0.6
建筑很稀的居住区（不透水覆盖面积小于 30%）	0.3～0.5

城市地面雨水通过节点进入排水系统，每个节点所承担的汇水子分区面积很小，地面汇流距离和时间一般较短。由于地面覆盖种类多种多样，坡地、糙率差别较大，坡面水流很不稳定，难以进行精确的水力计算。在传统计算中，地面汇流多采用运动波法和面积—时间曲线法等。而坡面汇流进入城市管网后，由于市政管网节点众多、结构复杂，且资料匮乏，难以率定验证汇流参数。因此，可将城市地面汇流和地下管网汇流过程一并概化考虑，按照分区地形确定主要水流地表通道和入汇口，根据通道长度和大致坡降按经验确定汇流时间，从而最终计算分析进入研究区内河涌的流量过程线。

2. 非点源污染模型

环境污染源按排放污染物的空间分布方式，可分为点污染源和面污染源。生活污染源和工业污染源均属于点污染源，面源污染根据发生区域和过程的特点，一般将其分为城市和农业面源污染两大类。城市面源污染主要是由降雨径流的淋浴和冲刷作用产生的，城市降雨径流主要以合流制形式，通过排水管网排放，径流污染初期作用十分明显。特别是在暴雨初期，由于降雨径流将地表的、沉积在下水管网的污染物，在短时间内，突发性冲刷汇入受纳水体，而引起水体污染。农业面源污染是指在农业生产活动中，农田中的泥沙、营养盐、农药及其他污染物，在降水或灌溉过程中，通过农田地表径流、壤中流、农田排水和地下渗漏，进入水体而形成的面源污染。这些污染物主要来源于农田施肥、农药、畜禽及水产养殖和农村居民。

在珠三角河网闸泵群调度中，对点源和面源污染的计算分析根据来水条件区别对待。面源污染最严重的危害发生在降雨以后，以丰水期问题较多，而点源污染最严重的危害发生在枯水月。当前国内对城市面源污染的计算都面临资料匮乏的难题，无法准确分析和预测城市化地区面源污染总量，更难以准确量化面源污染的入河过程。本研究中，点源污染通过历史调查资料确定排放量和排放浓度，而面源污染则需根据统计资料首先确定计算区域内的污染物总量，然后扣除点源污染量，其余即粗略认为是面源污染总量。

城市河网区的面源污染负荷的计算采用累积—冲刷模型。污染物累积预测采用改进后的幂指数模型。流域内污染物累积量可用时间 t 的幂指数形式来表示，即

$$P_t = P_m(1 - e^{k_1 t}) \tag{7-2}$$

式中：P_t 为一次降雨之前流域内累积的量，kg；P_m 为流域内可累积的最大污染负荷，kg；k_1 为晴天时流域上污染物累积系数，d^{-1}；t 为上次降雨结束后经历的时间，d。

假定前场降雨结束时地表残留污染物的量为零，若存在初期负荷，污染物的累积量可表示为

$$P_t = P_s + (P_m - P_s)(1 - e^{k_1 t}) \tag{7-3}$$

式中：P_s 为前一场降雨结束时的地表残留污染物负荷，即晴天时的初期负荷，kg。

本研究中，在对幂指数模型的污染物累积预测方法进行了改进，即首先根据粗略估算的面源污染总量确定不同计算时期的污染负荷总量，然后将该污染负荷总量按照幂指数模型计算的每单位时段（日）污染物累积量同比例分配，从而得到研究区的每

个单位时段的污染负荷量，即污染负荷的时间过程；将污染负荷的时间过程再根据各分区的历史资料或污染源产生强度的分析，细化得到各分区的面源污染负荷过程。

面源污染物的冲刷，按照 Metcalf 和 Eddy Inc. 等人提出的径流过程中不透水地表表层沉积的污染物的冲刷速率与沉积在地表的污染物的量成正比的方法来计算，即

$$\frac{\mathrm{d}P}{\mathrm{d}t} = -kP \tag{7-4}$$

式中：P 为前不透水地表表层可冲刷污染物的量，kg；t 为暴雨开始后经历的时间，s；k 为衰减系数，s^{-1}。污染物的冲刷受到多种因素的影响，通常利用衰减系数 k 来表示。

一般假设衰减系数 k 与单位面积雨水的径流量成正比，即

$$\frac{\mathrm{d}P}{\mathrm{d}t} = -k_2 RP \tag{7-5}$$

式中：k_2 为冲刷系数（经验值），mm^{-1}；R 为单位面积径流量，在降雨过程中随时间的变化而变化，mm/s。

将上式积分可得

$$P_t = P_0 e^{-k_2 Q_t} \tag{7-6}$$

式中：P_t 为降雨径流开始 t 时后地表上残留的污染物的量，kg；P_0 为暴雨开始时地表污染物累积量，kg；Q_t 为暴雨开始后地表累积径流量，mm。

上式表明地表污染物的量在径流冲刷过程中，随径流量呈指数降低。所以，一场降雨过程中被暴雨冲刷排放的总污染物的量为

$$L = P_0(1 - e^{-k_2 Q_T}) \tag{7-7}$$

式中：Q_T 为总降雨径流量，mm。

结合幂指数累积模型和上述冲刷模型，可以得到冲刷负荷为

$$L = [P_s + (P_m - P_s)(1 - e^{k_1 t})](1 - e^{-k_2 Q_T}) \tag{7-8}$$

本研究中，式（7-8）计算中的污染物累积量均替换为前述处理后的各分区面源污染负荷，而总降雨径流量 Q_T 则由前述的城市河网区产汇流模型得到。

3. 河网一维水动力模型

（1）基本方程。河网区一维潮流数学模型采用一维圣维南方程组。

1）连续方程，即

$$B\frac{\partial h}{\partial t} + \frac{\partial Q}{\partial x} = q \tag{7-9}$$

2）动量方程，即

$$\frac{\partial Q}{\partial t} + \frac{\partial}{\partial x}\left(\alpha \frac{Q^2}{A}\right) + gA\frac{\partial h}{\partial x} + g\frac{Q|Q|}{C^2 AR} = 0 \tag{7-10}$$

式中：h 为断面平均水位；Q 为断面流量；A 为过水面积；B 为水面宽度；x 为距离；t 为时间；q 为旁侧入流，负值表示流出；α 为动量校正系数；g 为重力加速度；C 为谢才系数；R 为水力半径。

（2）汇流汊点连接条件。河网区内汊点是相关支流汇入或流出点，汊点水流要满

足水流连续条件和能量守恒条件。

水流连续条件为

$$\sum_{i=1}^{m} Q_i = 0 \tag{7-11}$$

水位连接条件为

$$Z_{i,j} = Z_{m,n} = \cdots = Z_{l,k} \tag{7-12}$$

式中：Q_i 为汊点第 i 条支流流量，流入为正，流出为负；$Z_{i,j}$ 为汊点第 i 条支流第 j 号断面的平均水位。

（3）初始条件及边界条件。

初始条件为

$$(Z)_{t=0} = Z_0 ; \quad (Q)_{t=0} = Q_0 \tag{7-13}$$

边界条件为

$$(Z)_\Gamma = Z(t) ; \quad (Q)_\Gamma = Q(t) \tag{7-14}$$

式中：Γ 为边界。

（4）模型求解。对控制方程利用 Abbott 六点隐格式进行离散，在每个网格点中按顺序交替计算其水位和流量，相应的点分别为 h 点和 Q 点，其布置方式见图 7 - 20，Abbott 六点中心差分格式见图 7 - 21。

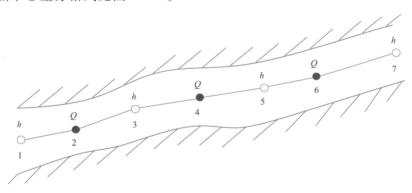

图 7 - 20 Abbott 格式水位点、流量点交替布置图

采用上述离散格式，则连续方程可写为

$$q_j = B \frac{h_j^{n+1} - h_j^n}{\Delta t} + \frac{(Q_{j+1}^{n+1} + Q_{j+1}^n)/2 - (Q_{j-1}^{n+1} + Q_{j-1}^n)/2}{\Delta 2x_j} \tag{7-15}$$

而动量方程可写为

$$\frac{Q_j^{n+1} - Q_j^n}{\Delta t} + \frac{[\alpha Q^2/A]_{j+1}^{n+1/2} - [\alpha Q^2/A]_{j-1}^{n+1/2}}{\Delta 2x_j}$$

$$+ [gA]_j^{n+1/2} \frac{(h_{j+1}^{n+1} + h_{j+1}^n)/2 - (h_{j-1}^{n+1} + h_{j-1}^n)/2}{\Delta 2x_j}$$

$$+ \left[\frac{g}{C^2 AR}\right]_j^{n+1/2} \mid Q \mid_j^n Q_j^{n+1} = 0 \tag{7-16}$$

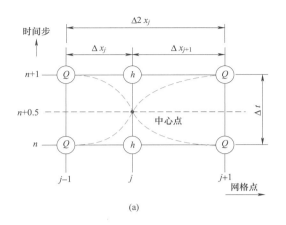
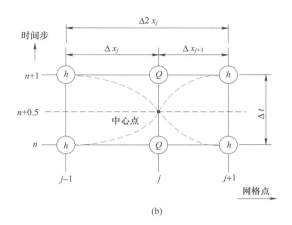

图 7-21 Abbott 六点隐式格式

（a）水位点；（b）流量点

在某一时间步长内，网格点流速方向发生变化时，上式中 Q^2 可离散为

$$Q^2 \approx \theta Q_j^{n+1} Q_j^n - (\theta - 1) Q_j^n Q_j^n \tag{7-17}$$

其中：$0.5 \leqslant \theta \leqslant 1$

整理式（7-15）可得

$$\alpha_j Q_{j-1}^{n+1} + \beta_j h_j^{n+1} + \gamma_j Q_{j+1}^{n+1} = \delta_j \tag{7-18}$$

整理式（7-16）可得

$$\alpha_j h_{j-1}^{n+1} + \beta_j Q_j^{n+1} + \gamma_j h_{j+1}^{n+1} = \delta_j \tag{7-19}$$

由上可知，河道内任何一点处的水力参数水位 h 和流量 Q 与相邻网格点的水力参数水位 h 和流量 Q 的关系可表示为一线性方程，即

$$\alpha_j Z_{j-1}^{n+1} + \beta_j Z_j^{n+1} + \gamma_j Z_{j+1}^{n+1} = \delta_j \tag{7-20}$$

其中各系数可分别由式（7-18）、式（7-19）得到。

假设某一计算河道有 n 个网格点，且河道首末网格点为水位点，则 n 一定为奇数。对于河网中的所有网格计算点，按式（7-20）列出，则可以得到 n 个线性方程，即

$$\left.\begin{aligned}
&\alpha_1 H_{Us}^{n+1} + \beta_1 h_1^{n+1} + \gamma_1 Z_2^{n+1} = \delta_1 \\
&\alpha_2 h_1^{n+1} + \beta_2 Q_2^{n+1} + \gamma_2 h_3^{n+1} = \delta_2 \\
&\qquad\qquad\vdots \\
&\alpha_{n-1} h_{n-2}^{n+1} + \beta_{n-1} Q_{n-1}^{n+1} + \gamma_{n-1} h_n^{n+1} = \delta_{n-1} \\
&\alpha_{n-1} h_{n-2}^{n+1} + \beta_{n-1} h_n^{n+1} + \gamma_n H_{Ds}^{n+1} = \delta_n
\end{aligned}\right\} \tag{7-21}$$

式中：H_{Us}、H_{Ds} 分别为上游汊点、下游汊点的水位。

河道第一个网格点的水位与之相连河段上游汊点的水位相等，即

$$h_1 = H_{Us}$$

则

$$\alpha_1 = -1,\ \beta_1 = 1,\ \gamma_1 = 0,\ \delta_1 = 0$$

同上，河道的最后一个网格点水位与之相连河段下游汊点的水位相等，即

$$h_n = H_{Ds}$$

则

$$\alpha_n = 0,\ \beta_n = 1,\ \gamma_n = -1,\ \delta_n = 0$$

对于单一河道，只要给定上、下游的水位边界，即 H_U 和 H_D，则可用消元法来求解方程组（7-21）。

而对于河网，通过消元法，可将方程组（7-21）中河道内任意网格点的水力参数（水位 h 和流量 Q）表示为上、下游汊点水位的函数，即

$$Z_j^{n+1} = c_j - a_j H_{Us}^{n+1} - b_j H_{Ds}^{n+1} \tag{7-22}$$

可见，只需先获取各汊点处的水位，则可通过式（7-22）求解出任一河段任意网格点的水力参数值。

对于河网内汊点（变量布置见图7-22），由连续性方程可得

$$\frac{H^{n+1} - H^n}{\Delta t} A_{fl} = \frac{1}{2}(Q_{A,\,n-1}^n + Q_{B,\,n-1}^n - Q_{C,\,2}^n) + \frac{1}{2}(Q_{A,\,n-1}^{n+1} + Q_{B,\,n-1}^{n+1} - Q_{C,\,2}^{n+1})$$

$$\tag{7-23}$$

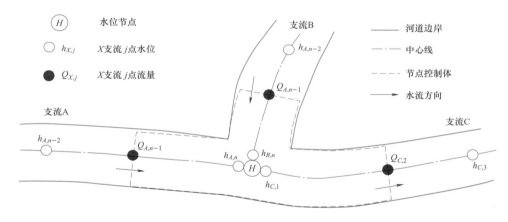

图 7-22　河网汊点变量布置图

用式（7-22）来表示上述方程中右边第二项，则为

$$\frac{H^{n+1} - H^n}{\Delta t} A_{fl} = \frac{1}{2}(Q_{A,\,n-1}^n + Q_{B,\,n-1}^n - Q_{C,\,2}^n)$$

$$+ \frac{1}{2}(c_{A,\,n-1} - a_{A,\,n-1} H_{A,\,Us}^{n+1} - b_{A,\,n-1} H^{n+1}$$

$$+ c_{B,\,n-1} - a_{B,\,n-1} H_{B,\,Us}^{n+1} - b_{B,\,n-1} H^{n+1}$$

$$- c_{C,\,2} + a_{C,\,2} H^{n+1} + b_{C,\,2} H_{C,\,Ds}^{n+1}) \tag{7-24}$$

式中：H 为汊点处的水位；$H_{A,\,Us}$、$H_{B,\,Us}$、$H_{C,\,Ds}$ 分别为两条支流 A、B 上游端和支流 C 下游端的汊点水位。

按照式（7-24），同样可将河网中所有汊点水位表示为与之直接相连接的河道汊

点水位的线性函数，则可得到 N 个方程组成的汊点方程组。在边界值已知的情况下，利用高斯消元法可以直接求解该方程组，从而得到 N 个汊点的水位，进一步代入式（7-22）求出河道中任意网格点的水位（或流量）。

对于河道边界（变量布置见图7-23），若给出边界节点上的水位变化过程 $h = h(t)$，则边界上的汊点方程可写为

$$H_{j,\,1}^{n+1} = H_{Us}^{n+1} \quad 或 \quad H_{j,\,n}^{n+1} = H_{Ds}^{n+1} \tag{7-25}$$

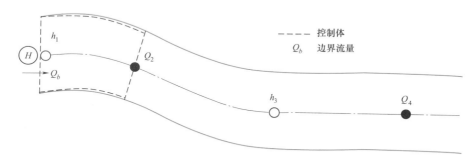

图7-23　流量边界变量布置图

若给出边界节点上的流量变化过程 $Q = Q(t)$，则应用连续性方程，边界上的汊点方程可写为

$$\frac{H^{n+1} - H^n}{\Delta t} A_{fl} = \frac{1}{2}(Q_b^n - Q_2^n) + \frac{1}{2}(Q_b^{n+1} - Q_2^{n+1}) \tag{7-26}$$

将 Q_2^{n+1} 用式（7-26）代入，则有

$$\frac{H^{n+1} - H^n}{\Delta t} A_{fl} = \frac{1}{2}(Q_b^n - Q_2^n) + \frac{1}{2}(Q_b^{n+1} - c_2 + a_2 H^{n+1} + b_2 H_{Ds}^{n+1}) \tag{7-27}$$

若给出边界节点上的水位流量关系 $Q = Z(t)$，其处理方法与流量边界相同。

4. 河网一维水质模型

一维水质迁移转化基本方程为

$$\frac{\partial(AC)}{\partial t} + \frac{\partial(QC)}{\partial x} = \frac{\partial}{\partial x}\left[E_x \frac{\partial(AC)}{\partial x}\right] - KC \tag{7-28}$$

式中：A 为断面过水面积；Q 为断面流量；C 为断面污染物浓度；E_x 为纵向离散系数；K 为污染物降解系数。

河网区污染物汊点平衡方程为

$$\sum(QC) = C\Omega \frac{\mathrm{d}Z}{\mathrm{d}t} \tag{7-29}$$

式中：Z 为水位；Ω 为河道汊点节点的过水面积。

5. 闸泵调控模拟模型

（1）水闸过流计算。水闸调度以闸门内外设置的两个节点水位为控制参数，以闸门开度确定调度状态和过流形式，采用闸孔出流基本公式计算过流量，节点之间闸控河段与河网计算模式隐式联解。

在闸门开启的情况下，过闸流量可按照宽顶堰公式计算。

1）自由出流时

$$Q = mB\sqrt{2g}H_0^{1.5} \qquad (7-30)$$

2）淹没出流时

$$Q = \varphi B\sqrt{2g(Z_u - Z_d)}H_s \qquad (7-31)$$

式中：Q 为过闸流量；m 为自由出流系数；φ 为淹没出流系数；B 为闸门开启宽度；H_s 为闸底高程；Z_u 为闸上游水位；Z_d 为闸下游水位。

（2）泵站过流计算。泵站调度主要以单个水泵抽水量和水泵工作时间为控制参数。水泵的调控主要是依据需水要求，制定泵站的调度规则，作为源汇项及水力联系的方式和河网水动力条件衔接。泵站的流量计算公式为

$$Q = \sum_{i=1}^{n} q_i t_i \qquad (7-32)$$

式中：Q 为泵站抽水流量；n 为泵站数量；q_i 为第 i 个泵站的抽水流量；t_i 为第 i 个泵站的抽水时间。

▶▶▶ 7.3 闸泵群调度模型构建及验证

7.3.1 中顺大围研究区概化

以中顺大围作为珠江三角洲典型水网区的闸泵群调度的研究区。

中顺大围内主干河道有横贯联围中部的石岐河和与之相交的凫洲河、横琴海、中部排灌渠至狮滘河段以及东南部连接磨刀门水道和小榄水道的岐江河。围内有其他河涌 140 余条，总长约 870km，除少数地处五桂山区的溪流是单向流外，其余绝大多数河流均受潮汐影响，是双向流。其他众多大小河涌、排水沟渠与主干河道相互交联，构成水系发达、结构复杂的联围内河网，见图 7-24。中顺大围水系概化图见图 7-25。

中顺大围研究范围内水闸主要包括控制外江水流进出联围的外闸（包括船闸）、联围内控制各片区或河涌段的节制闸，其中概化的中顺大围东西干堤上的外闸 32 座，内部节制闸 18 座。中顺大围研究范围内泵站主要包括由中顺大围外排至外江的排涝泵站、联围内负责各片区或河涌段的排至联围内河涌的排涝泵站，其中概化的中顺大围东西干堤上的外排泵站 6 座，联围内各片区的排涝泵站 8 座。

中顺大围内除了西河闸、东河水利枢纽（东河水闸、东河泵站）、铺锦闸、拱北闸等重点水闸由中山市中顺大围工程管理处直接调度外，其他大量水闸、泵站归属各镇区调度以保障本片区的防洪、排涝、水环境改善、工农业用水等需求。结合中顺大围河涌调度现状，需对中顺大围进行片区划分，综合考虑分区调度与联围总体调度，研究制定合理的调度方案，从而实现中顺大围河网区内河涌水环境改善目标，满足各调度分区内河涌和联围主干河涌的用水需求。

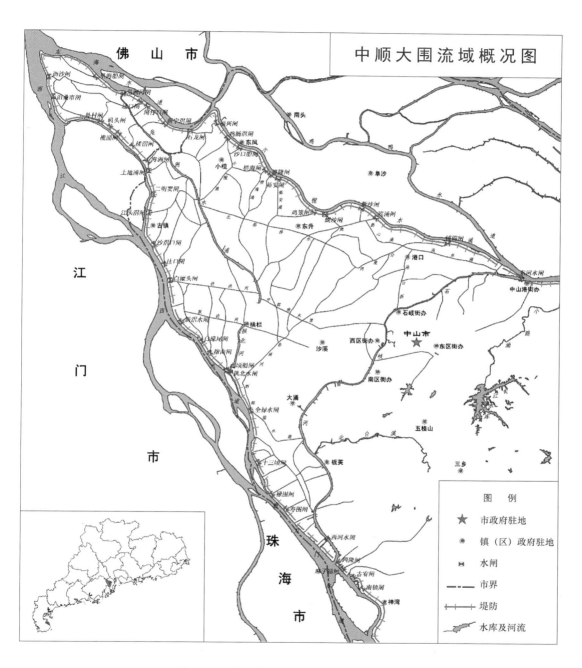

图 7-24　中顺大围的闸泵群调度模型范围

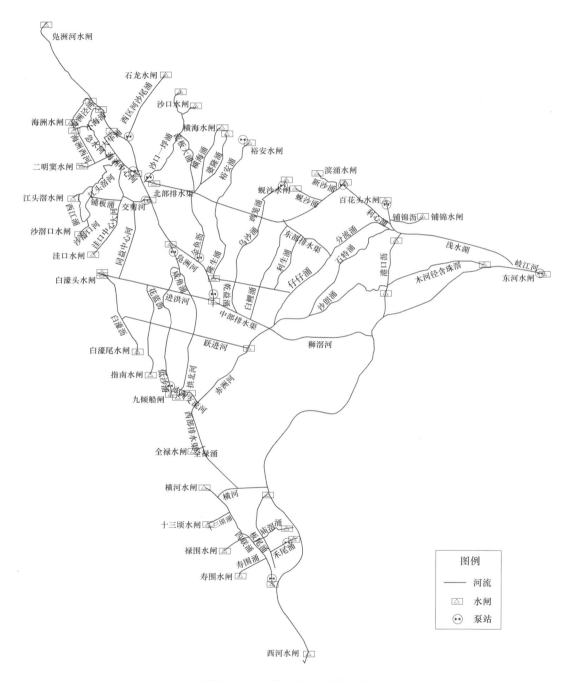

图 7－25　中顺大围水系概化图

根据河网水系结构、水闸泵站分布、控制水位要求、调度管理方式等综合分析，中顺大围水环境改善调度划分为 5 个调度分区。

7.3.2　改善水环境的闸泵群调度模型建立

1. 调度目标

中顺大围改善水环境的闸泵群调度的目标，是在满足防洪、排涝基本要求以及兼顾考虑联围内航运、工农业用水需求等条件下，尽可能降低各片区内河涌污染物浓度，最大限度改善水环境质量。基于中顺大围各镇区水闸调度现状，闸泵群水环境改善调度目标既要考虑调度期间各片区内河涌的总体水环境改善情况，也要考虑包括主干河涌在内的整个中顺大围联围河涌的水环境改善情况。在现状取排水格局和规划取排水格局下，中顺大围内各河涌承担的取排水功能不同，对水质指标的控制要求也不相同。因此，为合理表征中顺大围改善水环境的闸泵群调度的效果，需根据各河涌的取排水功能分别确定不同的权重，得到各片区内河涌、主干河涌和整个中顺大围内河涌的污染物加权平均浓度。中顺大围改善水环境的闸泵群调度以整个中顺大围内河涌的污染物加权平均浓度最小为目标，即

$$F = \min \sum_{i=1}^{N} \eta_i C_{i,t} \tag{7-33}$$

式中：$C_{i,t}$ 为调度期间中顺大围第 i 条内河涌 t 时刻污染物平均浓度；η_i 为第 i 条内河涌的污染物浓度权重，$\sum_{i=1}^{N} \eta_i = 1$。

中顺大围改善水环境的闸泵群调度计算分析的水质指标主要为 COD 和 $NH_3 - N$。

2. 约束条件

受研究区联围内外水文条件、河涌堤岸现状、闸泵工程运行条件，以及调度实施管理水平限制，中顺大围改善水环境的闸泵群调度存在以下基本的约束条件。

（1）河网区内河涌防洪排涝最高控制水位约束。河网区联围各片区地理高程普遍较低，外江进闸水量过多、出闸排水不足或联围内暴雨径流大量汇入内河涌、闸泵排涝不及时都将致使部分河涌水位超过防洪排涝最高控制水位，从而水流漫溢，形成局部内涝。因此，中顺大围改善水环境的闸泵群调度中必须保证调度期间内河涌水位不能超过防洪排涝最高控制水位，确保防洪排涝安全。即

$$Z_{i,t} \leqslant \overline{Z}_{i,t} \tag{7-34}$$

式中：$Z_{i,t}$ 为第 i 条内河涌（河段）t 时刻水位；$\overline{Z}_{i,t}$ 为第 i 条内河涌（河段）t 时刻防洪排涝最高控制水位。

一般的，在改善水环境调度期间，内河涌防洪排涝最高控制水位为固定值 $\overline{Z}_i$，不随时间变化，则内河涌最高水位需满足

$$Z_{i,t} \leqslant \overline{Z}_i \tag{7-35}$$

由于中顺大围各片区地势高低不同，堤防防洪排涝标准不统一，且水闸泵站排涝能力各异，因此，各片区的最高控制水位也不尽相同。

（2）河网区内河涌最低控制水位约束。为防止堤防倾覆，保证堤防安全稳定，河网区联围内河涌水位不得低于一定值。此外，联围内河涌蓄水或为工农业所用，水位水量应满足正常生产之用，或为保证水景观、航运之需，中顺大围改善水环境的闸泵群调度中，也应该适当兼顾考虑满足该需求的最低控制水位要求。在调度期间，河涌内水位不宜低于最低控制水位。即

$$Z_{i,t} \geqslant \underline{Z}_{i,t} \tag{7-36}$$

式中：$\underline{Z}_{i,t}$ 为第 i 条内河涌（河段）t 时刻最低控制水位。

一般的，在改善水环境调度期间，内河涌最低控制水位为固定值 $\underline{Z}_i$，不随时间变化，则内河涌最低控制水位需满足

$$Z_{i,t} \geqslant \underline{Z}_i \tag{7-37}$$

（3）河网区内河涌外江引水水质约束。中顺大围改善水环境的闸泵群调度通过与外江相连通的水闸引入水质较好的水置换联围内河涌水体，引水的外江水质需满足一定要求。一般情况下，外江水质普遍优于中顺大围内河涌水质，均可以引水，但在枯水期咸潮上溯期间，闸外水体含氯度较高，超过水厂取水或工农业用水的允许的最高含氯度要求时，则无法引水。在其他特殊情况下，如外江发生突发性污染事故，导致闸外水体水质严重恶化，不满足联围内引水水质标准，则无法引水。因此，在调度期间，河网区内河涌外江引水水质标准应该不低于一限定值，即

$$S_{i,t} \leqslant \overline{S} \tag{7-38}$$

$$C_{i,t} \leqslant \overline{C} \tag{7-39}$$

式中：$S_{i,t}$ 为 t 时刻第 i 个进水闸（或泵）进水口的含氯度；$\overline{S}$ 为进水闸（或泵）取水允许的最高含氯度，一般的，水厂取水要求 $\overline{S}$ 不高于 250mg/L；$C_{i,t}$ 为 t 时刻第 i 个进水闸内（或泵）进水口某一水质指标（如 COD、$NH_3 - N$ 等）的浓度；$\overline{C}$ 为进水闸内（或泵）进水口某一水质指标（如 COD、$NH_3 - N$ 等）允许的最高浓度。

（4）闸（泵）过流能力（抽排能力）约束。受闸门尺寸、底高及泵站出力限制或运行安全等工程实际限制，调度过程中过闸（泵）流量不可能任意加大，即

$$Q_{i,t} \leqslant Q_{i,\max} \tag{7-40}$$

式中：$Q_{i,t}$ 为通过第 i 座闸（泵）t 时刻的流量；$Q_{i,\max}$ 为第 i 座闸（泵）设计运行条件下所能达到的最大过流量（抽排量）。

中顺大围改善水环境的闸泵群调度中所涉及闸（泵）的过流能力（抽排能力）以现状条件下闸泵正常运行所能达到的设计值为限。

（5）闸泵启闭时间间隔限制。实际调度过程中，受人工操作难度、工作量以及闸泵工程特性，闸泵不可能完全根据内外水位随时启闭，维持特定的启闭运行状态必须满足一定的时长，即

$$T_i \geqslant T_{\min} \tag{7-41}$$

式中：T_i 为第 i 座闸门或泵站维持固定运行状态持续工作的时间；$T_{\min}$ 为第 i 座闸门或

泵站规定的特定运行状态的最短时间。

（6）闸泵启闭速度限制。在调度方案中，闸门从某一工作状态调整为另一工作状态存在一个过程，如闸门从完全关闭至全开或泵站从不工作至满负荷抽排水需要一定时间操作完成状态转换，转换期间的过流量不会是调度方案中预设的从零直接变化为特定值（如最大值），而是连续变化的，这个启闭速度限制可表示为

$$\Delta L_i \leqslant \Delta L_{i,\max} \text{（闸）} \tag{7-42}$$

$$\Delta Q_i \leqslant \Delta Q_{i,\max} \text{（泵）} \tag{7-43}$$

式中：ΔL_i 为第 i 座闸门单位时间启闭高度；$\Delta L_{i,\max}$ 为闸门单位时间所能启闭的最大高度；ΔQ_i 为第 i 座泵站单位时间抽排流量的变化量；$\Delta Q_{i,\max}$ 为泵站单位时间所能抽排流量的最大变化量。

中顺大围闸泵群调度中各水闸的最小启闭时间不同，大型水闸闸门较多，所有闸门完全开启或关闭需要时间较长，启闭速度较慢。各水闸泵站具体启闭速度依水闸特性给定一合理值。

3. 边界条件

中顺大围闸泵群调度模型的边界包括水位边界、流量边界和水质边界。

（1）水位边界。一般的，感潮河网区的水动力模拟通常以上游流域的汇流流量过程作为上游流量边界，而以潮位过程作为下游主要受潮汐影响的水位边界。在中顺大围改善水环境的闸泵群调度中，由于整个研究区地势较为平坦，河涌都为往复流，与外江连同的河涌主要受潮汐作用从而水位周期性波动，因此与外江连同的河涌端点外边界根据实际情况均设为水位边界。

中顺大围在部分与外江连同的河涌控制性水闸（如白濠头、全禄、西河、石龙、横海、铺锦、东河闸等）内外设置有自动水位计，对闸内外水位进行实时监测记录，积累有一定的水位资料。在模型率定验证和方案计算分析时，可采用实测的水位资料确定部分水位外边界。

其他与外江连同的河涌控制性水闸处无实测内外水位资料，则需要通过珠江三角洲一维、二维潮流模型计算获取中顺大围东西干堤各水闸处的外江水位过程，确定相应的水位外边界。

（2）流量边界。中顺大围闸泵群调度模型的流量边界为内边界，由联围内降雨后的地面径流和现有排污口汇入相应内河涌两部分组成。降雨形成的径流过程由降雨径流模型计算得到，按照平原地区汇流分区，经雨水管网集中后以点源的形式汇入内河涌；联围内工业或污水处理厂的排水根据监测资料分析，经合理概化后确定流量过程线，同样以点源的形式汇入内河涌。

（3）水质边界。中顺大围闸泵群调度模型的水质边界分为外边界和内边界。水质外边界与水位边界位置一致，外江污染物经与外江连同的河涌控制性水闸引水时进入联围内河涌，从而与内河涌水体交换，改善内河涌水环境质量；水质边界的污染物浓

度一般根据调度所采用水文条件的同期外江实测水质资料确定，无实测水质资料的，根据公报资料和相关规划中对外江同期水质状况的总体情况综合分析确定。水质内边界与流量边界位置一致，联围内污染物排放根据主要排污口的污染物排放量、排放浓度等监测数据分析给定。

4. 初始条件

中顺大围闸泵群调度模型的初始条件，即为计算初始时刻，必须给定概化河网各个计算断面的水位、流量等水力要素，污染物浓度等水质要素以及水闸泵站等工程的初始状态。

（1）初始水位的确定。根据研究区的实际情况，由模型计算分析所采用的实测资料给定在现有水闸调度状态下的各河段初始时刻水位值，用于河网区水力计算。

（2）初始流量的确定。河网区一般有水闸等工程控制，若无水量交换，则初始流量可近似认为等于 0。在模型中，为尽快使模型计算趋于收敛稳定，一般给一略大于 0 的较小流量值作为初始值。

（3）初始污染物浓度的确定。河网区污染物浓度根据研究区实际情况，按照调查的或实测的污染物本底浓度给定。

5. 模型参数

参数是河网区水动力模型的一个关键，其是否精确合理将直接影响到模型计算的准确性，也影响到以水动力学模型为基础的水质模型和闸泵调度模型。一般来说，河道长度、断面形态、水闸出流系数、糙率、水质计算的纵向离散系数和衰减系数等都是模型计算中需要确定的参数。

河道长度、断面形态等一般性参数可以根据实测资料获取。

主要河道糙率可利用历史水文资料进行率定，而对于资料较为缺乏的河道，其糙率则可以凭经验获取。

水闸出流系数主要包括自由出流系数以及淹没出流系数，一般根据实测的闸前、闸后水位、引排流量等资料进行率定，缺乏资料时，也可经验确定。

纵向离散系数和衰减系数等水质参数可以采用实测资料进行率定。一般水质资料较少，模型率定较困难，可根据经验公式大致确定，或参照现有成果综合确定。

7.3.3　抑咸补淡的闸泵群调度模型建立

1. 闸泵群联合调度过程及阶段目标

为实现闸泵群联合调度抑咸的总体目标，整个抑咸调度由三个相互联系的重要阶段调度组成，分别为内河涌水质改善调度、蓄淡调度和释淡补水压咸调度。各阶段调度对应的时段分别称为换水期、蓄水期和抑咸期，各阶段调度之间可以存在过渡段，则整个闸泵群联合调度过程就由 5 个时段构成，各时段时间节点划分如图 7-26所示。

三个重要阶段调度各自承担不同的调度任务，实现各自对应的阶段调度目标，以

图 7-26 闸泵群联合调度过程阶段划分

保障总体调度目标的实现。

（1）换水期（t_0，t_1）：主要任务为运用联围闸泵群调度，以外江满足水质要求的淡水来置换联围内河涌污水，并实现在尽可能短的时间内使得换水期末内河涌水质最佳的阶段目标。

（2）蓄水期（t_2，t_3）：主要任务为运用联围闸泵群调度，抽蓄外江淡水至联围内河涌，并实现在尽可能短的时间内使得蓄水期末内河涌蓄水总量最大的阶段目标。

（3）抑咸期（t_4，t_5）：主要任务为运用联围闸泵群调度，抽排联围内河涌淡水至外江抑咸河段补水，并实现在满足目标断面最小抑咸流量需求下尽可能增加补水时间的阶段目标。

两个过渡期（t_1，t_2）、（t_3，t_4）的存在根据调度实际情况确定；当无过渡期时，t_1 与 t_2 重合，t_3 与 t_4 重合。

闸泵群联合调度抑咸过程中，有 $t_0 \sim t_5$ 6个时间节点，其中 t_0、t_1、t_3、t_4 4个节点最为重要，与各阶段调度效果好坏、总体抑咸目标能否实现密切相关，需要在方案制定中作为调度技术关键点来重点确定。其中，t_0 为换水过程开始时刻；t_1 为换水过程结束时刻，达到换水目标；t_3 为蓄水过程结束时刻，达到蓄水目标；t_4 为抑咸过程起始时刻，存在抑咸需求。

2. 蓄淡和释淡补水调度

在水环境改善的基础上，当换水达到调度目标后，闸泵群联合调度的换水过程结束，经过过渡期后，闸泵群联合调度转入蓄水期，内河涌通过闸泵调度，尽可能多的从外江蓄积淡水，因此蓄水的主要目标为在闸泵群调度约束条件下，蓄水量最大。蓄淡过程中的引水条件与内河涌水质改善调度中引水条件相同，当外江盐度满足引水标准时，即可通过闸泵引水至内河涌存蓄，而此阶段换水方案中的外排闸门需全部关闭。为加快蓄水进程，缩短蓄水时间，蓄积更多淡水资源，必要时可启用取水泵站从外江抽取淡水注入内河涌，以弥补蓄水后期内外水位差减小、闸门自流蓄水动力不足。因此，建立如下蓄淡调度模型。

（1）调度目标。运用闸泵抽蓄外江淡水，在尽可能短的时间内使得蓄水期末内河涌蓄水总量最大。

（2）目标函数为

$$\max W_{t_3} = W_{t_2} + \sum_{i=1}^{N} \int_{t_2}^{t_3} Q_{i,t} \, dt \tag{7-44}$$

式中：W_{t_3} 为蓄水结束时刻 t_3 时的联围内河涌蓄水总量；W_{t_2} 为蓄水初始时刻 t_2 时的联围内河涌蓄水总量，亦与换水结束时刻 t_1 时的联围内河涌蓄水总量 W_{t_1} 相等；$Q_{i,t}$ 含义与换水阶段相同，但此刻排水闸（或泵）关闭，$Q_{i,t} = 0$。

（3）约束条件。除无排水闸排水条件约束外（排水闸关闭），其他约束条件与换水阶段基本相同，不再赘述。

（4）初始条件与边界条件。与换水阶段基本相同。

联围释淡补水压咸方案的主要内容是确定放水水闸、释淡补水压咸时机和放水压咸流量。放水水闸的确定需根据补水对象而定，具体方案实施中针对哪一取水口（取水河段）释淡补水压下，可分析调度期咸界位置、各取水口缺水紧迫程度以及压咸效果综合确定。同样，释淡补水压咸时机需要根据补水对象不同时段淡水需求、咸潮上溯强度综合确定。放水压咸流量必须能够满足补水目标断面的最小抑咸流量需求，该流量的确定是闸泵群联合调度抑咸方案制定的关键点之一。在满足该最小流量需求的基础上，补水时间越长则抑咸效果越好，而补水流量大小则可以通过闸门开度和外排泵站抽排流量来控制。因此建立如下释淡补水压咸调度模型。

1）调度目标。运用闸泵抽排联围内河涌所蓄淡水向外江补水，在满足目标断面最小抑咸流量需求下尽可能增加补水时间。

2）目标函数，即

$$\max T_G = (W_{t_4} + W_{\text{add}} - W_{t_5}) / Q_{G,\text{avg}} \qquad (7-45)$$

式中：W_{t_4} 为抑咸初始时刻 t_4 时的联围内河涌蓄水总量，亦与蓄水结束时刻 t_1 时的联围内河涌蓄水总量 W_{t_1} 相等；W_{t_5} 为抑咸结束时刻 t_5 时的联围内河涌蓄水总量；$Q_{G,\text{avg}}$ 为抑咸阶段实际抑咸流量的平均值；W_{add} 为抑咸阶段进水闸（或泵）抽蓄至联围内河涌的水量。在抑咸期间，若只向外江补水而不继续蓄水，则 $W_{\text{add}} = 0$，否则 W_{add} 按蓄水过程调度计算，但显然抑咸阶段的闸泵群联合调度方案设置和计算将变得十分复杂。

3）约束条件。大部分排水闸关闭，某一个（或一些）排水闸转换为释淡补水抑咸角色，若在抑咸阶段联围内河涌继续蓄水，则约束条件除无换水历时约束和增加抑咸流量约束以外，其他约束条件与换水阶段基本相同。抑咸流量约束为

$$Q_{G,\text{avg}} \geqslant Q_{\text{obj}} \qquad (7-46)$$

式中：Q_{obj} 为抑咸目标断面需要的最小抑咸流量（指额外补水流量），此流量与目标断面处的外江原本流量之和将满足抑咸最低要求，保证含氯度不超标，水厂足量取水。显然，Q_{obj} 的确定与外江水文条件、水厂取水量需求以及取水口位置均有关，其值大小也将极大地影响到抑咸调度目标能否实现、抑咸效果好坏等。

4）初始条件与边界条件。与换水阶段基本相同。

7.3.4 模型的率定和验证

闸泵群调度模型率定验证的典型水文条件选择在后汛期的 8 月（2011 年 8 月）和枯水期的 1 月（2011 年 1 月），外江潮位包含大中小潮过程，联围内有降雨发生，具有较好的代表性。

中顺大围改善水环境的闸泵群调度模型的水闸调控模拟分析对象主要是与外江相连通的水闸,采用闸内闸外实测水位过程,按照水闸实际调度规则确定闸门不同时刻的启闭状态,调整水头损失系数等相关参数,从而使得水闸调控模型计算得到的闸内水位与实测闸内水位过程一致。

2011 年 1 月、2011 年 8 月典型水文条件下中顺大围东河、西河、铺锦、拱北等主要外江水闸对水流的调控模拟分析成果分别见图 7-27～图 7-34。结果表明,模拟的闸内水位与实测水位变化过程一致,2011 年 1 月、2011 年 8 月典型水文条件下水闸调控模拟的水位最大误差分别为-0.27～0.20m、高高潮时水位绝对误差分别为-0.22～0.19m、-0.11～0.17m,低低潮时水位绝对误差分别为-0.27～0.20m、-0.16～0.21m,具体见表 7-2 和表 7-3。可见,水闸调控模拟效果较为理想,能够用于调度模型计算分析和调度方案制定。

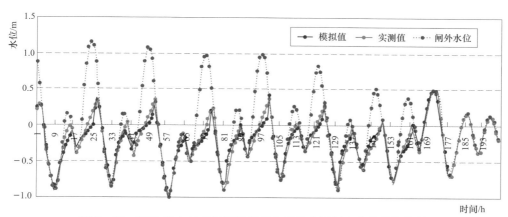

图 7-27 2011 年 1 月水闸调控模拟分析的东河闸内水位计算结果

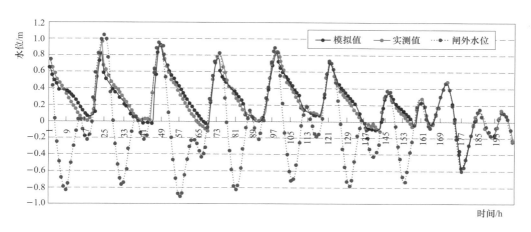

图 7-28 2011 年 1 月水闸调控模拟分析的西河闸内水位计算结果

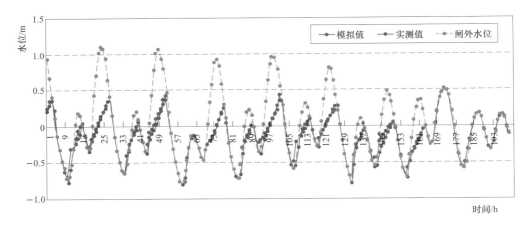

图 7 - 29 2011 年 1 月水闸调控模拟分析的铺锦闸内水位计算结果

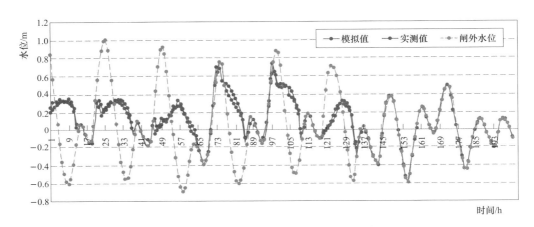

图 7 - 30 2011 年 1 月水闸调控模拟分析的拱北闸内水位计算结果

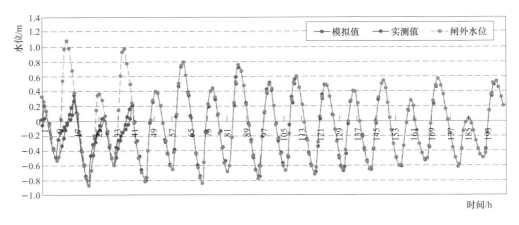

图 7 - 31 2011 年 8 月水闸调控模拟分析的东河闸内水位计算结果

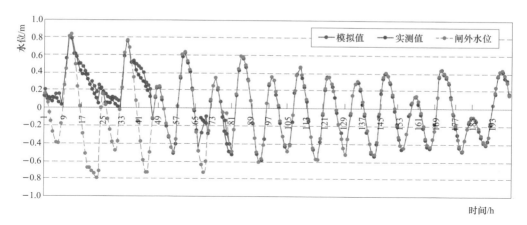

图 7 - 32　2011 年 8 月水闸调控模拟分析的西河闸内水位计算结果

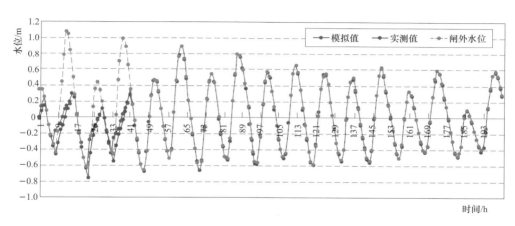

图 7 - 33　2011 年 8 月水闸调控模拟分析的铺锦闸内水位计算结果

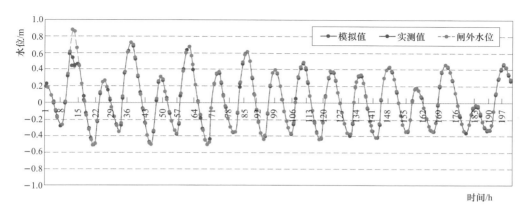

图 7 - 34　2011 年 8 月水闸调控模拟分析的拱北闸内水位计算结果

表 7 - 2	2011 年 1 月水闸调控模拟分析成果表		单位：m
站　点	高高潮误差	低低潮误差	
东河闸	−0.20～0.07	−0.07～0.20	
西河闸	−0.22～0.06	−0.27～0.07	
铺锦闸	−0.11～0.09	−0.05～0.18	
拱北闸	−0.10～0.19	−0.18～0.07	

表 7 - 3	2011 年 8 月水闸调控模拟分析成果表		单位：m
站　点	高高潮误差	低低潮误差	
东河闸	−0.09～0.17	−0.06～0.21	
西河闸	−0.11～0.10	−0.16～0.12	
铺锦闸	−0.09～0.12	−0.01～0.18	
拱北闸	−0.09～0.07	−0.03～0.07	

在水闸调控模型基础上进一步开展中顺大围水动力模型的率定和验证工作。模型率定和验证均采用 2011 年 1 月、2011 年 8 月典型水文条件，其中 2011 年 1 月 4 日 0：00 至 1 月 8 日 3：00、2011 年 8 月 14 日 0：00 至 8 月 18 日 3：00 时长 100h 用作模型率定，2011 年 1 月 8 日 4：00 至 1 月 12 日 7：00、2011 年 8 月 18 日 4：00 至 8 月 22 日 7：00 时长 100h 用作模型验证。模型率定验证点主要为中顺大围内河涌水位监测点，包括岐江河中部的岐江河水位站、北部排水渠上的怡丰水位站、中部排水渠上的观栏水位站、西部排水渠上的西排口水位站等。

结果表明，在率定期，中顺大围河网一维水动力模型水位最大误差为 −0.16～0.09m，高高潮时水位绝对误差为 −0.16～0.09m，低低潮时水位绝对误差为 −0.06～0.09m；在验证期，水位最大误差为 −0.17～0.08m，高高潮时水位绝对误差为 −0.17～0.03m，低低潮时水位绝对误差为 −0.08～−0.08m。模型率定验证成果见表 7 - 4。

表 7 - 4	2011 年 1 月水动力模型率定验证成果表		单位：m
计算期	水位站点	高高潮误差	低低潮误差
率定期	岐江河	−0.07～0.01	−0.06～0.02
	怡丰	−0.16～0.04	−0.06～0.01
	观栏	−0.10～0.00	−0.06～0.02
	西排口	−0.09～0.05	−0.10～0.09
验证期	岐江河	−0.09～0.03	−0.03～0.08
	怡丰	−0.08～0.01	−0.05～0.03
	观栏	−0.17～0.01	−0.04～0.03
	西排口	−0.03～0.03	−0.08～0.02

中顺大围主干河涌凫洲河、横琴海、中部排灌渠、狮滘河、石岐河等河道糙率 n 分段给定，n 为 0.020～0.045 之间；其他支涌糙率 n 一般给定统一值，n 为 0.030～0.056。

水质模型参数主要包括纵向离散系数和衰减系数。

纵向离散系数 E_x 随水流条件而变化，在中顺大围河网水流复杂，E_x 变化范围较大。不同河段取值按下式计算，即

$$E_x = 0.011 \frac{v^2 B^2}{h u_*} \tag{7 - 47}$$

其中

$$u_* = \sqrt{ghJ}$$

式中：v 为断面平均流速；B 为断面过水宽度；h 为断面平均水深；u_* 为摩阻流速；J 为水力坡度。

衰减系数根据已有成果综合分析确定。近 20 多年来，华南环境科学研究所、中山大学等多个科研单位对珠江三角洲河网区各类水体的 COD、NH_3-N 的衰减规律作了系统的研究，研究成果见表 7-5。中顺大围改善水环境的闸泵群调度模型中 COD 衰减系数取值为 0.1（1/d），NH_3-N 衰减系数取值为 0.05（1/d）。

表 7-5　　　　　　　　广东省重点研究成果采用的衰减系数（1/d）

项 目 名 称	承担单位	COD	NH_3-N
珠江三角洲水环境容量与水质规划	华南环境科学研究所	0.08~0.45	0.07~0.15
珠江流域水环境管理对策研究	华南环境科学研究所	0.07~0.60	0.03~0.30
广东省水资源保护规划要点	广东省水利厅	0.18	—
广东省地表水环境容量核定技术报告	华南环境科学研究所	0.10~0.20	0.05~0.10

▶▶▶ 7.4　闸泵群调度方案研究

7.4.1　水环境改善调度方案研究

根据调度目标和总体原则，优先考虑中顺大围水体交换速度，对整体的水流流向遵循"西进东出"的要求放宽，且联围内分区并不针对性实施局部水环境改善，只考虑防洪排涝调度需求，从而制定中顺大围水环境改善调度的初步方案，即方案一，具体如下。

方案一：凫洲闸、西干堤全部外江水闸涨潮开闸、落潮关闸，水流只进不出；东干堤石龙闸—新沙闸涨潮开闸、落潮关闸，水流只进不出，滨涌闸—东河闸涨潮关闸、落潮开闸，水流只出不进。

在方案一的基础上，重点考虑横栏片区面临的水环境改善效果不佳的实际问题，利用周边水闸加强引水换水，促进横栏片区水环境改善，从而制定考虑整体且兼顾局部的中顺大围水环境改善调度方案，即方案二，具体如下。

方案二：横栏（白濠头闸—拱北闸）涨潮开闸，落潮时外江水位低于内河水位时开闸出水，水流可进可出，其余闸调度规则同方案一。

在方案二的基础上，重点考虑水流流向控制，实现整体水流的"西进东出"，制定考虑整体兼顾局部、优化流向的中顺大围水环境改善调度方案，即方案三，具体如下。

方案三：横栏（白濠头闸—白濠尾闸）涨潮开闸，落潮关闸，水流只进不出，指南闸—拱北闸涨潮关闸，落潮开闸，水流只出不进，其余闸调度规则同方案一。

以上各方案均以保障联围内防洪排涝安全为前提。各片区水闸泵站的防洪排涝调度基本规则如下：

均安镇（凫洲闸）保证围内水位大于 0.5m，小于 1.2m；古镇镇（海州闸—洼口闸）外江水位大于 1.2m 时关闸，凫洲河警戒水位 0.85m，围内控制水位 0.85m（江头滘闸内）；小榄镇（石龙闸—婆隆闸）外江水位大于1.2m时部分水闸控制进水量，围内控制水位0.95m，最低为金鱼沥，北部水位控制为1.0～1.1m；横栏镇（白濠头闸—拱北闸）白濠头闸0.75～0.8m关闭，围内控制水位0.7m（拱北闸内）；东升镇（裕安闸—滨涌闸）外江水位大于1.2m时关闸，水从北部排水渠排出，围内控制水位1.3m；港口镇（百花头闸、铺锦闸）外江水位大于1.1m时关闸，围内控制水位0.8m。

基于改善水环境的调度方案见表7-6。

表7-6　　　　　　　　　　基于改善水环境的调度方案

方案编号	方案	水闸调度规则	其他工程措施
现状	不冲污	全部外江水闸及围内节制闸保持开启，达到控制水位时关闸	丰水期适时开启东河泵站排水
	冲污	滨涌、百花头、铺锦、东河4闸定向排水，其余水闸保持开启，达到控制水位时关闸	枯水期开启西河泵站引水、丰水期开启东河泵站排水
方案一	西进东出、北进南出	滨涌、百花头、铺锦、东河4闸定向排水，其余外江水闸定向引水，内河节制闸根据控制水位适时调度	内排泵站根据控制水位适时调度
方案二	分片区调度	滨涌、百花头、铺锦、东河4闸定向排水，横栏片（白濠头闸—拱北闸）涨潮进水落潮排水，内河节制闸关闭，其余水闸定向引水，达到控制水位时关闸	内排泵站根据控制水位适时调度
方案三	分片区调度	滨涌、百花头、铺锦、东河4闸定向排水，横栏片白濠头、白濠尾定向引水，指南闸、九顷闸、拱北闸定向排水，内河节制闸关闭，其余水闸定向引水，达到控制水位时关闸	内排泵站根据控制水位适时调度

将上述现状无水环境改善调度、现状水环境改善调度以及拟定的水环境改善调度方案一、方案二、方案三时的中顺大围COD和NH_3-N的加权浓度随时间变化过程进行对比，见图7-35～图7-38，调度时段末的COD和NH_3-N加权浓度值统计见表7-7。

表7-7　　　　　　　　　不同方案调度时段末COD、NH_3-N浓度对比

污染物	水文条件	项目	不同调度方案的调度效果对比				
			现状无调度	现状调度	方案一	方案二	方案三
COD	2011年1月	污染物浓度/(mg/L)	16.97	15.78	15.88	15.27	15.18
		浓度降低值/(mg/L)	—	1.19	1.09	1.70	1.79
		相对改善效果/%	—	7.04	6.45	10.01	10.57
	2011年8月	污染物浓度/(mg/L)	18.65	17.13	18.46	17.86	16.80
		浓度降低值/(mg/L)	—	1.52	0.19	0.80	1.86
		相对改善效果/%	—	8.16	1.03	4.27	9.95
NH_3-N	2011年1月	污染物浓度/(mg/L)	1.00	0.86	0.91	0.86	0.77
		浓度降低值/(mg/L)	—	0.14	0.09	0.14	0.23
		相对改善效果/%	—	14.41	9.38	14.41	23.07
	2011年8月	污染物浓度/(mg/L)	1.01	0.78	1.01	0.95	0.69
		浓度降低值/(mg/L)	—	0.23	0.00	0.06	0.32
		相对改善效果/%	—	23.17	-0.13	5.95	31.46

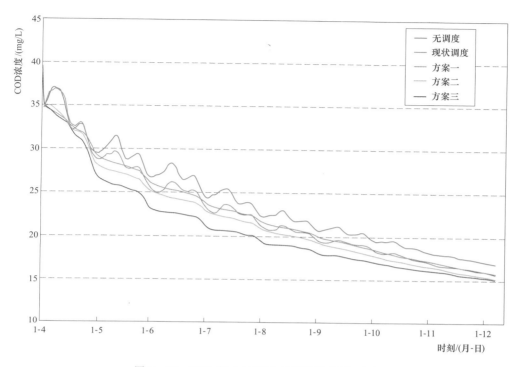

图 7 - 35　2011 年 1 月不同方案调度 COD 对比

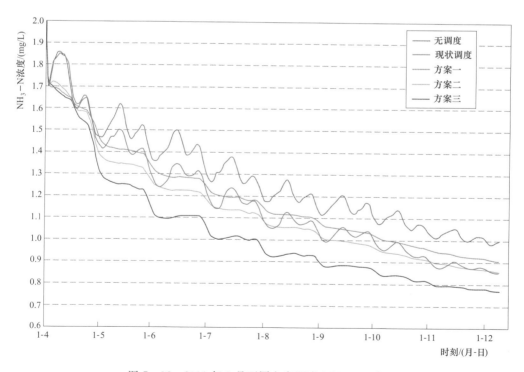

图 7 - 36　2011 年 1 月不同方案调度 NH₃ - N 对比

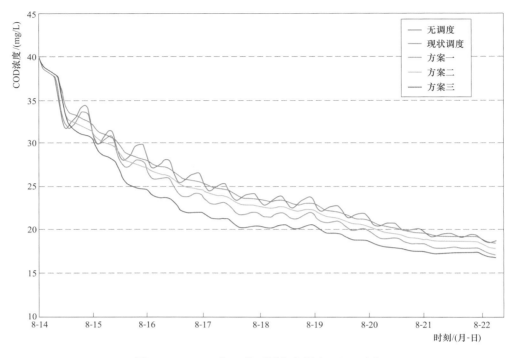

图 7 - 37 2011 年 8 月不同方案调度 COD 对比

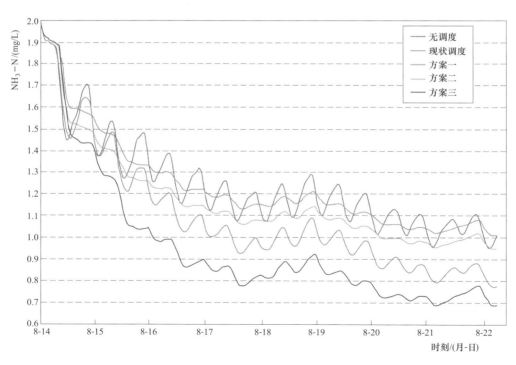

图 7 - 38 2011 年 8 月不同方案调度 NH$_3$ - N 对比

结果表明，以现状无水环境改善调度为基准，现状调度及方案一、方案二、方案三均对水环境改善有一定的效果，其中方案一最差，水环境改善效果最不明显；方案二优于方案一，但与现状调度相比无优势；方案三总体最优，其水环境改善效果最为显著，其对 COD 的改善效果在 10% 左右，对 NH_3-N 的改善效果达到 23.07% 和 31.64%。综合分析，最终认为方案三最优，为中顺大围水环境改善调度的推荐方案。

7.4.2 闸泵群抑咸补淡调度方案研究

采用 2005 年 1 月典型枯水过程研究典型联围中顺大围的闸泵群抑咸补淡调度方案。

1. 换水方案

利用已经建立的中顺大围闸泵群联合调度模型，计算滨涌闸、铺锦闸、东河闸三闸排水条件下不同换水时段的内河涌水质改善方案，从而确定最优的换水时段。方案设置取不同的换水时段：小潮至中潮、中潮至大潮、大潮至中潮以及中潮至小潮。不同换水时段内河涌水质量改善方案设置见表 7-8。

表 7-8 不同换水时段内河涌水质改善方案设置

排水闸	换水时段	方案编号	调 度 规 则
滨涌闸、铺锦闸、东河闸	小潮至中潮	S1	(1) 当 $Z_{外} > Z_{内}$ 且 $Z_{内} \leqslant \underline{Z}$ 时，凫洲河闸、白濠头闸、新滘闸、白濠尾闸、横海闸、裕安闸、鸡笼闸全开，否则全关。 (2) 拱北闸、全禄闸、西河闸全关。 (3) 当 $Z_{外} \leqslant Z_{内}$ 且 $Z_{内} > \underline{Z}$ 时，滨涌闸、铺锦闸、东河闸全开，否则全关
	中潮至大潮	S2	
	大潮至中潮	S3	
	中潮至小潮	S4	

各方案河涌总蓄水量、COD 平均浓度统计见表 7-9。

表 7-9 各方案河涌总蓄水量、COD 平均浓度统计

方案	时 刻 /(年-月-日 时：分)	总蓄水量 /万 m³	COD 平均浓度 /(mg/L)	换水历时	蓄水量增量 /万 m³
S1	*2005-1-18 16：00	3955.2	40	—	—
	2005-1-21 0：00	3876.5	33.4	2d8h	−78.7
	2005-1-22 1：00	4064.7	30.2	3d9h	109.5
	2005-1-23 1：00	4073.6	27.8	4d9h	118.4
	2005-1-24 1：00	3943.4	25.9	5d9h	−11.8
S2	*2005-1-22 18：00	3955.2	40	—	—
	2005-1-25 2：00	4017.1	32.3	2d8h	61.9
	2005-1-26 3：00	3942.1	29.6	3d9h	−13.1
	2005-1-27 4：00	4017.3	27	4d10h	62.1
	2005-1-28 4：00	4089.5	24.7	5d10h	134.3

续表

方案	时　刻 /(年-月-日　时：分)	总蓄水量 /万 m³	COD 平均浓度 /(mg/L)	换水历时	蓄水量增量 /万 m³
S3	* 2005 - 1 - 25　21：00	3955.2	40	—	—
	2005 - 1 - 28　4：00	4092.6	31.5	2d7h	137.4
	2005 - 1 - 29　5：00	3871.9	28.9	3d8h	—83.3
	2005 - 1 - 30　5：00	3850.1	26.5	4d8h	—105.1
	2005 - 1 - 31　6：00	3822	24.4	5d9h	—133.2
S4	* 2005 - 1 - 29　0：00	3955.2	40	—	—
	2005 - 1 - 30　5：00	3864.5	35.2	1d5h	—90.7
	2005 - 1 - 31　6：00	3835.9	32.2	2d6h	—119.3
	2005 - 2 - 1　6：00	3900.1	29.3	3d6h	—55.1
	2005 - 2 - 2　7：00	3817	27.1	4d7h	—138.2

注　* 为该方案水质改善调度开始时刻。

各方案计算结果表明，随着换水过程的不断推进，中顺大围内河涌 COD 平均浓度呈平缓均匀下降变化趋势，起伏不明显；而内河涌蓄水量受外江潮位变化十分显著，呈峰谷交替变化过程。对比各方案 3～5d 河涌蓄水量较大时刻总蓄水量及 COD 平均浓度值，在较短的换水历时要求下，换水后 COD 削减较为显著，平均浓度下降较大，且内河涌总蓄水量较大的换水时段为小潮至中潮，即方案 S1 最优，取该方案水质改善结束时刻为 2005 年 1 月 22 日 1：00，换水历时 3d9h，换水期末河涌蓄水总量为4064.7 万 m³，COD 平均浓度为 30.2mg/L，分别较换水前增加 109.5 万 m³、降低9.8mg/L。综上所述，以滨涌闸、铺锦闸、东河闸三闸为水质改善调度的排水闸，计算分析确定换水时段为小潮至中潮，则水质改善目标最优。

以方案 S1 确定的小潮至中潮为最优换水时段，拟定滨涌闸、铺锦闸、东河闸不同闸门组合排水条件下的水质改善方案，确定最优的排水闸方案。

三种不同排水闸设置方案计算的中顺大围内河涌 COD 平均浓度、总蓄水量过程综合对比见图 7 - 39，各方案内河涌总蓄水量、COD 平均浓度统计见表 7 - 10。

表 7 - 10　　　　　　　　各方案内河涌总蓄水量、COD 平均浓度统计

方　案	换 水 期 末		
	换水结束时刻 /(年-月-日　时：分)	总蓄水量 /万 m³	COD 平均浓度 /(mg/L)
S1 - 3out	2005 - 1 - 22　1：00	4064.7	30.2
S1 - 2out	2005 - 1 - 22　0：00	4162.1	29.8
S1 - 1out	2005 - 1 - 22　0：00	4198.1	29.7

不同闸门排水方案的换水历时基本一致，至换水期末西河水闸单闸排水总蓄水量较两闸、三闸排水时要略大，而 COD 平均浓度略小，表明西河水闸单闸排水方案比

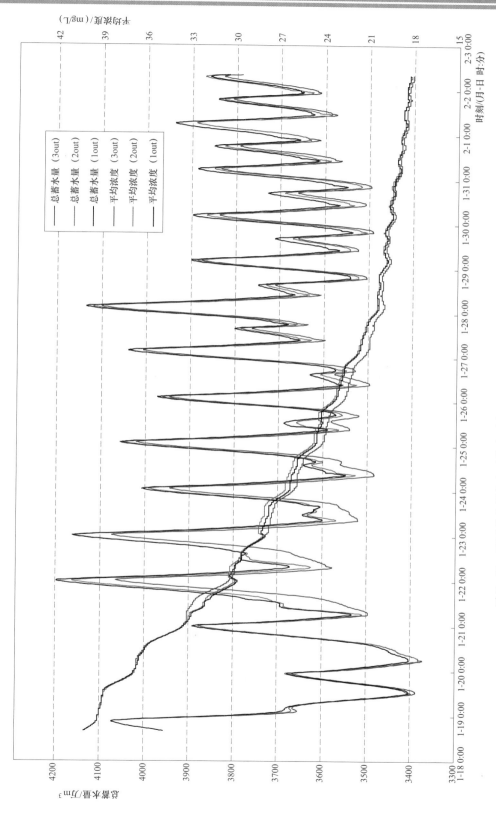

图 7 - 39 不同排水闸方案下的中顺大围内河涌总蓄水量、COD 平均浓度过程

滨涌闸、铺锦闸两闸排水和滨涌闸、铺锦闸、西河闸三闸排水方案要优。

2. 蓄水方案

蓄水期与换水期之间一般不设置过渡期，蓄水时刻从换水结束时刻开始，按蓄水方案确定的闸门调度规则启闭闸门尽量多蓄水，蓄水过程的完成时间点以联围内河涌水位达到最高限制水位、河涌蓄满而不能再引水时刻来确定，或者联围内河涌水位虽未达到最高限制水位，但内河涌水位升高导致外江淡水自流很慢、蓄水量增加不明显时刻来确定。

基于闸泵群联合调度的蓄淡方案计算的中顺大围内河涌总蓄水量、COD 平均浓度过程如图 7 - 40 所示。

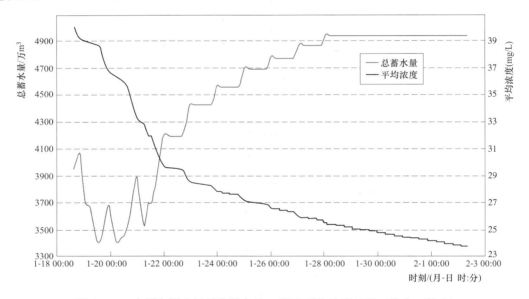

图 7 - 40　中顺大围内河涌总蓄水量、COD 平均浓度过程（换水、蓄水）

计算结果表明，受外界潮位周期变化，各进水闸阶段性开闸蓄水，联围内河涌水位持续升高，当内水位接近外江高潮位时，进水流量减小，蓄水量增加不明显；内河涌 COD 平均浓度亦随着蓄水过程的推进缓缓减小，减小速度变化不明显，且当蓄水后期内河涌水量达到进出平衡阶段时，COD 平均浓度继续按照原速率不断减小。蓄水过程中阶段性进水时刻的内河涌蓄水总量和 COD 平均浓度统计见表 7 - 11。

表 7 - 11　　　　　　不同时刻内河涌蓄水总量和 COD 平均浓度统计

时　刻 /（年-月-日　时：分）	总蓄水量 /万 m³	COD 平均浓度 /（mg/L）	蓄水期蓄水量增量 /万 m³	蓄水历时
*2005 - 1 - 22　0：00	4198.1	29.7	—	—
2005 - 1 - 23　1：00	4433.9	28.5	235.8	1d1h
2005 - 1 - 24　1：00	4568.8	27.8	370.7	2d1h
2005 - 1 - 25　1：00	4707.4	27.0	509.3	3d1h

续表

时　　刻 /(年-月-日 时：分)	总蓄水量 /万 m³	COD 平均浓度 /(mg/L)	蓄水期蓄水量增量 /万 m³	蓄水历时
2005-1-26　1：00	4788.3	26.5	590.2	4d1h
2005-1-27　3：00	4880.6	25.9	682.5	5d3h
2005-1-28　2：00	4948.1	25.5	750.0	6d2h

注　　＊为蓄淡调度开始时刻。

该方案以 2005 年 1 月典型枯水计算时，内河涌蓄水总量由蓄水初始时刻的 4198.1 万 m³ 增至蓄水结束时刻的 4948.1 万 m³，蓄水阶段蓄水量增量为 750 万 m³，整个换水蓄水阶段内河涌蓄水量增量为 992.9 万 m³；内河涌 COD 平均浓度由蓄水初始时刻的 29.7mg/L 降至蓄水结束时刻的 25.5mg/L；蓄水历时 6d2h，整个换水、蓄水历时 9d10h。

3. 联围释淡补水压咸方案

根据对补水时机的分析，不同潮时对比下，初落时刻开始联围闸泵群联合调度的释淡补水压咸效果最佳。因此，在蓄淡调度完成后，一般设置一定的过渡期，待外江潮位变化达到初落时刻时，针对特定的补水对象调节相应水闸开度，释放满足抑咸目标流量要求的淡水，进行间断补水。

若确定补水对象为磨刀门西河水闸以下的取水口，则合理控制西河水闸闸门开度，使得中顺大围内河涌蓄积的淡水资源较为均匀地释放补充外江淡水，抑制咸潮，保障供水。现以闸门开度 80cm 为例，中顺大围闸泵群联合调度的补水压咸调度方案见表 7-12。

表 7-12　　　　　　　　　　内河涌补水压咸调度方案

补水时段	调　度　规　则
大潮至中潮	（1）当 $Z_外 \leqslant Z_内$ 且 $Z_内 > \underline{Z}$ 时，西河闸开（开度 80cm），否则全关。 （2）凫洲河闸、白濠头闸、新滘闸、白濠尾闸、横海闸、鸡笼闸、裕安闸、拱北闸、全禄闸、滨涌闸、铺锦闸、东河闸全关

（1）压咸时段：大中潮期，历时约 6d。

（2）闸门调度。

1）西河闸开闸放水压咸，水流只出不进，即闸内水位高于闸外水位时，闸门打开放水（开度 80cm），反之闸门全关。

2）其他各闸（凫洲河闸、白濠头闸、新滘闸、白濠尾闸、横海闸、鸡笼闸、裕安闸、拱北闸、全禄闸、滨涌闸、铺锦闸、东河闸）全关。

该方案以 2005 年 1 月典型枯水计算时（补水时段：2005 年 1 月 28 日 2：00 至 2005 年 2 月 2 日 8：00），内河涌总补水量为 1629.9 万 m³，共 8 个补水时段，补水流量平均为 172.1～53.8m³/s，补水总历时 40h，补水期末内河涌总蓄水量为 3318.2 万 m³，内河涌 COD 平均浓度降为 20mg/L，见图 7-41 及表 7-13。

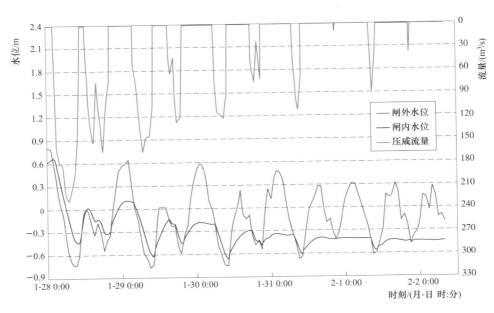

图 7-41　中顺大围西河闸内外水位、补水流量过程（2005 年 1 月补水方案）

表 7-13　　　　　　　　　　　西河水闸补水流量和时长

补水时段	平均补水流量 /(m³/s)	补水时长	补水时段	平均补水流量 /(m³/s)	补水时长
1	172.1	8h40min	5	103.1	4h10min
2	106.5	8h00min	6	53.8	3h10min
3	118.4	6h30min	7	73.6	2h50min
4	78.7	4h30min	8	56.9	2h10min

以 2005 年 1 月典型枯水计算中顺大围闸泵群联合调度方案全过程结果如图 7-42 所示。

4. 闸泵群联合调度抑咸方案的优化

为提高闸泵群联合调度补水抑咸效果，尽可能多的利用河涌对外江淡水的调蓄能力，可对闸泵群联合调度的补水抑咸调度阶段进行优化，主要方法为在下游补水闸开闸补水的同时，打开上游进水闸门，在对外江补水的同时蓄积淡水。为避免开闸补水抑咸阶段补水河段上游来水减少对下游咸潮的影响，上游进水闸主要确定为小榄水道沿线。同样，以补水对象为磨刀门西河水闸以下的取水口，闸门开度 80cm 为例，在补水同时上游水闸从小榄水道进水，作为中顺大围闸泵群联合调度的补水压咸调度方案的优化方案。

该方案以 2005 年 1 月典型枯水计算时（补水时段：2005 年 1 月 28 日 2：00 至 2005 年 2 月 2 日 8：00），内河涌总补水量为 2495.6 万 m³，共 11 个补水时段，补水流

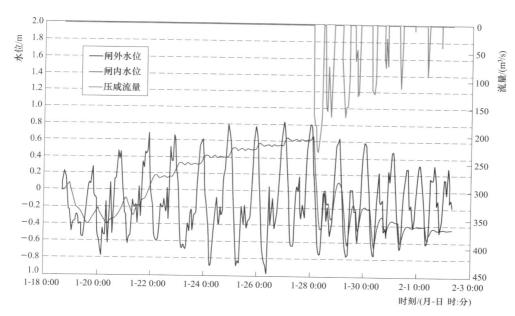

图 7-42 中顺大围西河闸内外水位、补水流量过程
(2005年1月全调度方案)

量平均 171.5~48.3m³/s，补水总历时近 63h，补水期末内河涌总蓄水量为 3936.9 万 m³，COD 平均浓度降为 16.8mg/L，见图 7-43 及表 7-14。

表 7-14 西河水闸补水流量和时长

补水时段	平均补水流量 /(m³/s)	补水时长	补水时段	平均补水流量 /(m³/s)	补水时长
1	171.5	8h40min	7	104.8	5h10min
2	105.7	8h00min	8	71.2	4h40min
3	135.5	6h50min	9	99.6	5h30min
4	91.0	5h10min	10	73.1	5h20min
5	121.1	5h40min	11	48.3	2h10min
6	76.3	5h30min			

以 2005 年 1 月典型枯水计算中顺大围闸泵群联合调度方案全过程结果如图 7-44 所示。

对比方案优化前后的计算成果可见，优化后的方案比优化前内河涌总补水量增加了 865.7 万 m³，补水历时增加了 23h，补水期末内河涌总蓄水量增加了 618.7 万 m³，COD 平均浓度减小了 3.2mg/L。

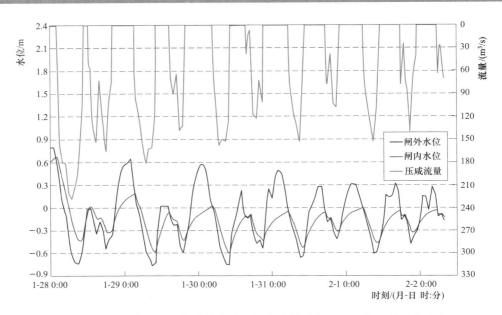

图 7 - 43　中顺大围西河闸内外水位、补水流量过程（2005 年 1 月补水方案）

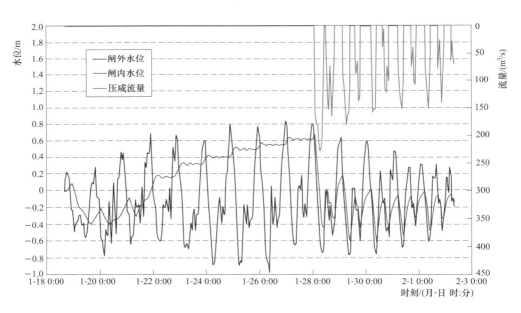

图 7 - 44　中顺大围西河闸内外水位、补水流量过程（2005 年 1 月全调度方案）

第 8 章

总结与展望

▶▶▶ 8.1 总结

综合调度可以在不增加额外投资的情况下获得更大的综合效益。通过流域水利工程群的调节作用，不仅提供防洪安全保障，同时统筹供水、发电、航运、水环境以及各地区、各部门（行业）的多种要求，维护流域生态健康，是确保流域经济效益、社会效益和生态效益统一的重要措施，也是珠江流域实现水资源统一管理的必要手段。

本研究以流域梯级开发变化情势下的水文变异及社会经济发展提出的调度新要求为主要内容，主要成果和结论如下。

（1）采用西江干流红水河天峨—迁江河段多年洪水资料分离场次洪水，对上下游同场洪水演进特征（峰型、涨水历时、洪量等）进行了统计分析，结合各梯级水库修建时间节点，对建库前后洪峰传播时间的诸多影响因素进行了多元回归统计分析，并采用一维水动力数学模型对洪峰传播时间变化进行验证。结果表明：由于水库的调丰补枯作用，对于小流量洪水河道内平均水深比原天然河道大，导致河道糙率减少，流速增加，洪水波在库区内传播比在天然河道下快；对于较大量级的洪水，电站修建前后平均洪峰传播时间相差不大。

（2）因为洪水的归槽作用，直接使用以往资料分析计算工程设计洪水，已不能真实反映目前河道洪水情况。在这种背景下，建立了反映洪水出槽与回归物理过程的水动力模型，提出了归槽效应下的设计洪水推求新方法。

（3）西江干流已建水库中只有龙滩水库有防洪任务，龙滩水库的调洪对中上游型、全流域型洪水的调洪效果明显优于中下游型洪水。在流域防洪体系尚未健全的情况下，利用预见期为 24h 的预报洪水，分别研制龙滩、岩滩的调度准测，进行蓄滞洪水和错峰调度，对下游防洪控制断面武宣站、大湟江口站、梧州站洪峰削峰均有较大程度的改善，充分挖掘已建骨干水库的防洪潜力。

（4）结合流域经济社会发展提出的调度新需求，建立了抑咸、发电、航运、生态等多目标协同的水库群综合调度模型。根据流域骨干水库群调度，梧州控制断面抑咸流量年保证率达到 67.4%。可见，西江流域已建大型水库的枯水期水量调度难以满足下游的流量需求，仍需通过兴建大藤峡水利枢纽等水利工程来提高流域的水资源配置能力。

根据同等蓄水条件对不同来水过程的调度研究，对梧州断面枯季天然流量"前大后小"的来水过程，流量目标与发电目标能较好的结合起来，发电量较大，且控制流量达标天数提高较多；对常见的"两头大、中间小"的来水过程调度效果一般；最不利是"前小后大"的天然来水过程，为满足控制流量要求，水库应在前期放水，但从追求发电量最大角度出发，要求在调度后期放水，发电量与流量目标矛盾突出。在实际调度时，除参考相应的来水频率外，还应结合控制断面来水过程进行综合考虑。

（5）以珠江三角洲典型多汊河口联围水量水质监测资料为基础，分析了河流水系、径流潮汐、闸泵工程、防洪排涝挡咸等调度边界条件和约束条件，建立了换水—蓄水—补水全过程的河网区闸泵群调控模型、嵌套珠江三角洲河网整体一维、二维联解潮流数学模型、耦合三角洲上游流域分布式降雨径流模型的多目标、多层次、多维度的梯级水库—闸泵群水盐联合调度模型，揭示了复合动力驱动下的感潮河网区水量水质变化规律，制定了显著提高河网区水环境质量、淡水资源利用率和咸潮抑制效果的闸泵群调度优化方案。

▶▶ 8.2　展望

（1）目前西江中下游的大藤峡枢纽工程正在建设中，流域的水文变异尚未完全结束，将来应结合流域大型工程的建设，逐步完善各种量级洪水的传播规律研究。

（2）洪水预报用于水库调度是发展趋势，但由于西江流域面积大，洪水类型、组成复杂多变。未来流域防洪调度，有待进一步研究预报的误差及其对流域防洪带来的风险。

（3）生态调度是未来水库调度的一个发展趋势，本书虽然在河道生态需水方面进行了探讨，但研究还不够深入，模型中采用了简化处理。今后可结合流域生态环境方面的最新研究成果，在防洪、发电、抑咸、航运、灌溉等调度目标的基础上，开展综合考虑水生物及湿地的综合调度研究。

（4）本书提出了上游梯级水库群总体调节、三角洲闸泵群精细调控的感潮河网区水环境改善、抑咸补淡调度方案，但骨干水库与河网闸泵群的功能定位、调节能力相差较大，关于上游骨干水库群与河网区闸泵群的联合精细化调度仍有待深入研究。

参 考 文 献

[1]　W－G Yeh，Reservoir management and operations. A state－of－the－art review [J]. Water ResourRes，1985，21 (12)：1797－1818.

[2]　S P Simonovic. Reservoir systems analysis：closing gap between theory and practice [J]. J Water Resour Plan Mgmt，1992，118 (3)：262－280.

[3]　R A Wurbs. Reservoir－System simulation and optimization models [J]. J Water Resour Res Plan Mgmt，1993，119 (4)：455－472.

[4]　J S Windsor. Optimization model for reservoir flood control [J]. Water Resources Research，1973.9 (5)：1219－1226.

[5]　J S Windsor. A programming model for the design of multi－reservoir flood control system [J]. Water Resources Research，1975，11 (1)：30－36.

[6]　G A Sckultz，E J Plate. Developing operation rules for flood protection reservoirs [J]. J of Hydrol 1976，28 (2/4)：245－264.

[7]　S A Wasimi，P K Kitanidis. Real－time forecast and daily operation of a multi－reservoirs system during floods by linear quadratic gauss ion control [J]. Water Resources Research.，1983，19 (6)：1511－1522.

[8]　S P Simonovic，D A Savic. Intelligent decision support and reservoir management and operations [J]. J Comput Civ Eng，1989，3 (4)：367－385.

[9]　O I Uhver，L Mays. Model for real－time optimal flood control operation of a reservoir system [J]. Water Resour mgmt，1990，4 (1)：20－45.

[10]　J B Valdes，K M Strzepek. Appregation－disaggregation approach to multireservoir operation [J]. J Water Resour Plan mgmt，1992，118 (4)：423－444.

[11]　S Mohan，D M Raipure. Multi－objective analysis of multi－reservoir system [J]. J Water Resour Plan mgmt，1992，118 (4)：356－370.

[12]　H V Vasiliadis，M Karamouz. Demand－driven operation of reservoir using uncertainty－based optimal operating policies [J]. J Water Resour Plan mgmt，1994，120 (1)：101－114.

[13]　Needham. J. Watkins. D. Lund J. etc. Linear programming for flood control in the Iowa and Des Moins rivers [J]. Journal of Water Resources Planning and Management，2000，126 (3)：118－127.

[14]　Shim，K. C. Fontane，D. and Labadie. J. Spatial decision support system for integrated river basin flood control [J]. Journal of Water Resources Planning and Management，2002，128 (3)：190－201.

[15]　G L Beckor. Multiobjective analysis of multireservoir operations [J]. Water Resour Res，

1982，18（5）.

[16] Raman H，Chandramouli V. Deriving a general operating policy for reservoirs using neural networks [J]. Jour Water Resour Plag and Mgmt，ASCE，1996，122（5）：342－347.

[17] Ford D. T，Killen J. R. PC－base Decision Support System for Trinity River [J]. Journal of Water resources Planning and Management：Texas，1995.

[18] A hmad S. An intelligent decision support system for flood management：A spatial system dynamics approach [D]. London，Canada：The University of Western Ontario，2002.

[19] Kyu－Cheoul Shim. Darrell G. Fontane. and John W. Labadie Spatial Decision Support System for Integrated River Basin Flood Control [J]. Journal of Water Resources Planning and Management. No. 2002，128（3）：190－201.

[20] 华东水利学院，等. 电子计算机在洪水预报水库调度中的应用 [M]. 北京：水利电力出版社，1983.

[21] 王厥谋，等. 丹江口水库防洪优化调度模型简介 [J]. 水利水电技术，1985（8）：54－58.

[22] 谢柳青，刘光跃. 水库群优化调度新思路—逐级模拟复合法 [J]. 湖南水利，1997（1）：30－34.

[23] 许自达. 介绍一种简捷的防洪水库群洪水优化调度方法 [J]. 人民黄河，1990（1）：26－30.

[24] 李文家，许自达. 三门峡—陆浑—故县三水库联合防御黄河下游洪水最优调度模型探讨 [J]. 人民黄河，1990（4）：21－25.

[25] 吴保生，陈惠源. 多库防洪系统优化调度的一种算法 [J]. 水利学报，1991（11）：35－40.

[26] 都金康，李罕，等. 防洪水库群洪水优化调度的线性规划方法 [J]. 南京大学学报，1995，31（2）：301－309.

[27] 邵东国，朱星源，等. 洋河水库防洪实时优化调度模型研究 [J]. 水科学进展，1996，7（2）：135－139.

[28] 傅湘，纪昌明. 多维动态规划模型及其应用 [J]. 水电能源科学，1997，15（4）：1－6.

[29] 王栋. 库群系统防洪联调及产流预报 ANN 法之研究 [D]. 济南：山东工业大学，1998.

[30] 马勇，高似春，陈惠源. 一种基于扒口分洪运用方式的防洪系统联合运行的大规模 LP 广义化模型及其应用 [J]. 水利学报，1998（12）：34－37.

[31] 梅亚东. 梯级水库防洪优化调度的动态规划模型及解法 [J]. 武汉水利电力大学学报，1999，32（5）：10－12.

[32] 徐慧，欣金彪，等. 淮河流域大型水库联合优化调度的动态规划模型解 [J]. 水文，2000，20（1）：22－25.

[33] 于翠松. 流域防洪调度研究 [D]. 济南：山东工业大学，2000.

[34] 王金文，王仁权，等. 逐次逼近随机动态规划及库群优化调度 [J]. 人民长江，2002（11）.

[35] 袁鹏，常江，等. 粒子群算法的惯性权重模型在水库防洪调度中的应用 [J]. 四川大学学报（工程科学版），2006，38（5）：54－57.

[36] 董增川. 大系统分解原理在库群优化调度中的应用 [D]. 南京：河海大学，1986.

［37］ 封玉恒. 库群防洪优化调度模型解法及应用［J］. 山东水利专科学校学报，1991，3（3）：26－31.

［38］ 杨侃，张静怡，董增川. 长江防洪系统网络分析分解协调优化调度研究［J］. 河海大学学报，2000，28（3）：77－81.

［39］ 陈守煜，周惠成. 黄河防洪决策支持系统多目标多层次对策方案的模糊优选［J］. 水电能源科学，1992，10（2）：94－101.

［40］ 黄志中，周之豪. 防洪系统实时化优化调度的多目标决策模型［J］. 河海大学学报，1994，22（6）：16－21.

［41］ 王本德，周惠成，程春田. 梯级水库群防洪系统的多目标洪水调度决策的模糊优选［J］. 水利学报，1994（2）：31－39，45.

［42］ 王本德，周惠成，等. 淮河流域水库群防洪调度模型与应用［J］. 水利管理技术，1995（4）：22－25.

［43］ 姜万勤. 并联式水库群抗洪能力图解法［J］. 水利管理技术，1995（6）：26－30.

［44］ 姜万勤. 中下型水库群防洪调度图解法［J］. 水利管理技术，1996（1）：53－55.

［45］ 罗强，宋朝红，雷声隆. 水库群系统非线性网络流规划法［J］. 武汉大学学报，2001，34（3）：22－26.

［46］ 袁宏源，邵东国，郭宗楼. 水资源系统分析理论与应用［M］. 武汉：武汉水利电力大学出版社，2000.

［47］ Mases P. B. P. Les Reserves et La Regulation de L'Avenir dans L'a Vic Economioue Hermann and Cie Pairs. 1946.

［48］ Little J D C. The use of storage water in a hydroelectric system［J］. Operations Research，1955（3）：187－197.

［49］ J. S. Windsor. Optimization model for reservoir flood control［J］. Water Resources Research，1973，9（5）：1103－1114.

［50］ Young G K. Finding reservoir operating rules［J］. Hydraul. DIV. Am. Soc. Civ. 93（HY6）1967.

［51］ Hall W. , W. Butcher. Optimal timing of irrigation［J］. Irrig. Drain. DIV. Am. Soc. Civ. 94（IR－2）1968.

［52］ Roefs T. G. , L. D. Bodin. Mutireservoir operation studies［J］. Water Resources Research，1971，6（2）：410－420.

［53］ Kirk D. Optimal Control Theory. Princeton－Hall. Englewood Cliffs：N. J. 1970.

［54］ Jacohson D. and D. Mayue. Differential Dynamic Programming［J］. Academic：New York. 1970.

［55］ Tamura H. Multistage decomposition algorithms for optimizing discrete dynamic systems with applications. Handbook of Large Scale System Engineering Applications［M］. Edited by M. singh and A. Titli. North－Holl and Amsterdam. 1979.

［56］ Croley T. E. Sequential deterministic optimization in reservoir operation［J］. Hydraul Dv. Am. Soc. Civ. Eng. 1974（3）.

［57］ Puterman M. Dynamic programming and Its Applications. Academic：New York. 1978.

［58］ Bellman R. Dynamic programming［M］. Princeton University Press：Princeton N

J，1957.

[59] Johnson S.，Stedinger J.，Shoemaker C. etc，Numerical solution of continuous – state dynamic programs using linear and spline interpolation ［J］. Oper. Res. 1993，41（3）：484 – 500.

[60] Bellman，R.，Dreyfus S. Applied dynamic programming ［M］. Princeton University Press：Princeton N J. 1962.

[61] Larson R. State increment dynamic programming ［M］. Elsevier：New York. 1968.

[62] Hiedari M.，Chow V. Kotovic P. etc，Discrete differential dynamic programming approach to water resources system optimization ［J］. Water Resources Research，1971，7（2）：2733 – 282.

[63] H. R. Howson，N. G. F. Sancho. A new algorithm for the solution of multistate dynamic programming problems ［J］. Math Program. 1975，8（1）：104 – 116.

[64] A. Turgeon. A decomposition method for the long – term scheduling of reservoirs in series ［J］. Water Resour. Res，1981，17（6）.

[65] Karamouz M.，Vasiliadis H V. Bayesian stochastic operation using uncertain forcast ［J］. Water Resources Research，1992，28（5）：1221 – 1232.

[66] Barros，M. Tsai，F. Yang SL. Etc. Optimization of large – scale hydropower system operations ［J］. Journal of Water Resources Planning and Management，2003，129（3）：178 – 188.

[67] Peng，C S. and Buras N. Practical estimation of inflows into multireservoir system ［J］. Journal of Water Resources Planning and Management，2000，126（5）：331 – 334.

[68] Cliveira R. Loucks D P. Operating rules on for multireservoir system ［J］. Water Resources Research，1997，33（4）：839 – 852.

[69] Chandramouli V. Raman H. Multireservoir modeling with dynamic programming and neural networks ［J］. Journal of Water Resources Planning and Management，2001，127（2）：89 – 98.

[70] Teegavarapu R S V，Simonovic S P. Optimal operation of reservoir system using simulated annealing ［J］. Water Resources Management，2002，16（5）：401 – 428.

[71] C – C Su，Y – Y Hsu. Fuzzy dynamic programming：an application to unit commitment，IEEE Trans. on Power Systems，1991，6（3）：1231 – 1237.

[72] J. S. Dhillon，S. C Parti，D. P，Kothari. Fuzzy decision – making in stochastic multiobjective short – term hydrothermal scheduling，IEE Proc. Gener. Transm. Distrib，2002，149（2）：191 – 200.

[73] Russell，O Samuel，et al. Reservoir operating rules with fuzzy programming ［J］. J Water Resour Plan Mgmt，1996，122（3）：165 – 170.

[74] 吴沧浦. 年调节水库的最优运行 ［J］. 科学记录新辑，1960，4（2）.

[75] 谭维炎，黄守信，等. 应用随机动态规划进行水电站的优化调度 ［J］. 水利学报，1982（7）.

[76] 张勇传，熊斯毅，等. 优化理论在水库调度中的应用 ［M］. 长沙：湖南科学技术出版社，1985.

[77] 董子敖，闫建生，等. 改变约束法和国民经济效益最大准则在水电站水库优化调度中的应用 [J]. 水力发电学报，1983 (2)：11 - 21.

[78] 施熙灿，林翔岳，等. 考虑保证率约束的马氏决策规划在水电站水库优化调度中的应用 [J]. 水力发电学报，1982 (2).

[79] 张勇传，傅昭阳. 水库优化调度中的几个理论问题 [G] //优化理论在水库调度中应用. 长沙：湖南科学技术出版社，1985.

[80] 李寿声，彭世彰，等. 多种水源联合运用非线性规划灌溉模型 [J]. 水利学报，1986 (6).

[81] 张玉新，冯尚友. 多维决策的多目标动态模型及其应用 [J]. 水利学报，1986 (7)：1 - 10.

[82] 张玉新，冯尚友. 多目标动态规划逐次迭代算法 [J]. 水利学报，1988 (6)：73 - 81.

[83] 吴信益，模糊数学在水库调度中的应用 [J]. 水力发电，1983 (5).

[84] 陈守煜. 多目标多阶段决策系统模糊优选理论及其应用 [J]. 水利学报，1990 (1)：1 - 10.

[85] 陈守煜，赵瑛琪. 系统层次分析模糊优选模型 [J]. 水利学报，1988 (10)：1 - 10.

[86] 贺北方，涂龙. 水库模糊随机优化调度研究 [J]. 郑州工业大学学报，1995 (2).

[87] 马光文，王黎，G. A. Walters. 水电站优化调度的 FP 遗传算法 [J]. 系统工程理论与实践，1996 (11).

[88] 马光文，王黎. 遗传算法在水电站优化调度中的应用 [J]. 水科学进展，1997 (3).

[89] 魏强，张勇传，李承军. 径流序列与水库长期调度 [J]. 水电能源科学，1997 (2).

[90] 金菊良，杨晓华，丁晶. 标准遗传算法的改进方案——加速遗传算法 [J]. 系统工程理论与实践，2001 (4).

[91] 谭维炎，徐贯午. 应用动态规划法绘制水库发电调度图 [J]. 水利水电技术，1979 (8).

[92] 张勇传，等. 水电站水库群优化调度方法的研究 [J]. 水力发电，1981 (11)：48 - 52.

[93] 熊斯毅，邴凤山. 湖南柘、马、双、凤水库群联合优化调度 [G] //优化理论在水库调度中应用. 长沙：湖南科学技术出版社，1985：58 - 64.

[94] 叶秉如，等. 水电站库群的年最优调度 [G] //优化理论在水库调度中应用 [M]. 长沙：湖南科学技术出版社，1985：65 - 73.

[95] 鲁子林. 水库群调度网络分析法 [J]. 华东水利学院学报，1983 (3).

[96] 胡振鹏，冯尚友. 大系统多目标递阶分析"分解—聚合"方法 [J]. 系统工程学报，1988 (2).

[97] 董子敖，李瑛，阎建生. 串并混联水电站优化调度与补偿调节多目标多层次模型 [J]. 水力发电学报，1989 (2).

[98] 张勇传，等. 水库群随机优化调度新算法—RBSI 法 [J]. 水电能源科学，1990 (1).

[99] 陈洋波，陈惠源. 水电站库群隐随机优化调度函数初探 [J]. 水电能源科学，1990 (3).

[100] 李爱玲. 梯级水电站水库群兴利随机优化调度数学模型与方法研究 [J]. 水利学报，1998 (5).

[101] 刘鑫卿，钟琦. 发电水库群调度随机优化统计迭代算法研究 [J]. 华中理工大学学报，1999 (6).

[102] 梅亚东，朱教新. 黄河上游梯级水电站短期优化调度模型及迭代解法 [J]. 水力发电

学报，2000（2）.

[103]　王仁权，王金文，等. 福建梯级水电站群短期优化调度模型及其算法 [J]. 云南水力发电，2002，18（1）：52－53．102.

[104]　毛睿，黄刘生，等. 淮河中上游库群联合优化调度算法及并行实现 [J]. 小型微型计算机系统，2000，21（6）：603－607.

[105]　宗航，李承军，周建中，等. POA算法在梯级水电站短期优化调度中的应用 [J]. 水电能源科学，2003，21（1）：46－48.

[106]　谢新民，陈守煜，等. 水电站水库群模糊优化调度模型与目标协调—模糊规划法 [J]. 水科学进展，1995（3）.

[107]　胡铁松，万永华，冯尚友. 水库群优化调度函数的人工神经网络方法研究 [J]. 水科学进展，1995（1）.

[108]　马光文，王黎. 水电站群优化调度的FP遗传算法 [J]. 水力发电学报，1996（4）.

[109]　杨侃，陈雷. 梯级水电站群多目标网络分析模型 [J]. 水利水电科技进展，1998，18（3）：35－38；66.

[110]　杨道辉，马光文，严秉忠，等. 粒子群算法在水电站日优化调度中的应用 [J]. 水力发电学报，2006，32（3）：73－75.

[111]　张双虎，黄强，等. 水电站水库优化调度的改进粒子群算法 [J]. 水力发电学报，2007，26（1）：1－5.

[112]　梁伟，陈守伦. 基于混沌优化算法的梯级水电站水库优化调度 [J]. 水电能源科学，2008，26（1）：63－66.

[113]　刘起方，马光文，刘群英，等. 对分插值与混沌嵌套搜索算法在梯级水库联合优化调度中的应用 [J]. 水利学报，2008，39（2）：140－150.

[114]　辛芳芳，梁川，徐波. 加强遗传算法在大桥水库电站优化调度中的应用研究 [J]. 四川水利，2009，30（4）：33－35.

[115]　Dronkers J J. 河流近海区和外海的潮汐计算 [J]. 水利水运科技情报，1976，26（3）：31－35.

[116]　张二骏，等. 河网非恒定流三级联合解法 [J]. 华东水利学院学报，1982（1）：1－13.

[117]　吴寿红. 河网非恒定流四级解算法 [J]. 水利学报，1985（8）：42－50.

[118]　芮孝芳，等. 多支流河道洪水演算方法的探讨 [J]. 水利学报，1990（2）：26－32.

[119]　李毓湘，逄勇. 珠江三角洲地区河网水动力学模型研究 [J]. 水动力学研究与进展，2001（6）：143－155.

[120]　姚琪，等. 运河水网水量数学模型的研究和应用 [J]. 河海大学学报，1991（4）：9－17.

[121]　Szymkiewicz，R. Finite－element method for the solution of the Saint Venant Equa－tions in an open channel network [J]. Journal of Hydrology，1990，122（1－4）：275－287.

[122]　张华庆，金生，沈汉笙. 珠江三角洲河网非恒定水沙数学模型研究 [J]. 水道港口，2004，3：121－128.

[123]　Patankar S V，Spalding D B. Caleulation Proeedure for Heat，Mass and Momentum Transfer in 3D Flows [J]. Int. J. Heat Mass Transfer，1972（15）：1987－1806.

[124]　Leendertse，J J. R C. Alexander，S K. Liu. A three dimensional model for estuaries and coastal sea. Principles of computations，R－1471－Owrr.，CA. Rand Corp.，Santa

Monica California，1973.

［125］ 孙文心. 三维浅海流体动力学的一种数值方法—流速分解法. 物理海洋数值计算
［M］. 郑州：河南科技出版社，1992.

［126］ 石磊. 一个关于河口及浅海的三维分步杂交模型 ［J］. 青岛海洋大学学报，1996，26（4）：
396－404.

［127］ 宋志尧. 海岸河口 3D 水流垂向级数解模型 ［D］. 南京：河海大学，1998.

［128］ 刘桦，吴卫，何友声，等. 长江口水环境数值模拟研究—水动力数值模拟 ［J］. 水动
力学研究与进展，2000，A，15（1）：18－30.

［129］ Casulli V，Cattani E. Stability，accuracy and efficiency of a semi－implicit method for
three－dimensional shallow water flow. Comput. Math. Appl. ，1994（27）：99－112.

［130］ Gross E S，Koseff J R，Monismith S G. Three－dimensional salinity simu－lations of
South San Francisco Bay. J. Hydraul. Eng. ，1999（25）：1199－1209.

［131］ 是勋刚. 湍流直接数值模拟的进展与前景 ［J］. 水动力学研究与进展 A（辑），1992，
7（1）：103－109.

［132］ 胡振红，沈永明，郑永红，等. 温度和盐度分层流的数值模拟 ［J］. 水科学进展，
2001，12（4）：439－444.

［133］ 倪浩清. 湍流模型在浮力回流中的应用与其发展 ［J］. 水动力学研究与进展（A 辑），
1994，9（6）：651－665.

［134］ 马福喜. 一个新紊流模式的检验及其应用 ［J］. 水科学进展，1997，8（2）：142－147.

［135］ 蔡树群，王文质. 大涡模拟及其在海洋湍流数值模拟中的应用 ［J］. 海洋通报，
1999，18（5）：69－75.

［136］ 闵涛，周孝德. 污染物一维非恒定扩散逆过程反问题的数值求解 ［J］. 西安理工大学
学报，2003，19（1）：1－5.

［137］ 吴修广，沈永明，等. 非正交曲线坐标下水流和污染物扩散输移的数值模拟 ［J］. 中
国工程科学，2003，5（2）：57－61.

［138］ 李嘉，李克锋，等. 流场和浓度场三维计算的数学模型与验证 ［J］. 中国水力学
2000，2000（9）：527－534.

［139］ 李志勤. 水库水动力学特性及污染物运动研究与应用 ［D］. 成都：四川大学，2005.

［140］ Bruce Loflis，John W. Labadie，Darrell G Fontane. Optimal operation of a system of
lakes for quality and quantity. Torno HC ed. Computer applications in water
resources. New York：ASCE，1989：693－702.

［141］ Abraham Mehrez，Carlos Percia，Gideon Oron. Optimal operation of a multisource and
multiquality regional water system. Water Resources Research，1992，28（5）：1199－1206.

［142］ J. Elliott Campbell，David A. Briggs，Richard A. Denton，et al. Water quality operation
with a blending reservoirand variable sources. Journal of Water Resources Planning And
Management，2002，128（4）：288－302.

［143］ 林宝新，苏锡祺. 平原河网闸群防洪体系的优化调度 ［J］. 浙江大学学报（自然科学
版），1996，30（6）：652－663.

［144］ 程芳，陈守伦. 泵站优化调度的分解协调模型 ［J］. 河海大学学报（自然科学版）.
2003，31（2）：136－139.

［145］ 顾正华. 河网水闸智能调度辅助决策模型研究［J］. 浙江大学学报（工学报），2006，40（5）：822－826.

［146］ 陈文龙，徐峰俊. 市桥河水系水闸群联合调度对改善水环境的分析探讨［J］. 人民珠江，2007（5）：79－81.

［147］ 赵慧明，方红卫，何国建，等. 多闸门联合调度的平面二维数学模型［J］. 水动力学研究与进展，2008，23（3）：287－293.

［148］ 江涛，朱淑兰，张强，等. 潮汐河网闸泵联合调度的水环境效应数值模拟［J］. 水利学报，2011，42（4）：388－395.

［149］ 陈明洪，方红卫，刘军梅. 多闸坝分汉河流的洪水实时模拟和调度［J］. 水利水电科技进展，2011，31（2）：11－27.

［150］ 兰电洋，等. 左江电站运行后对下游洪水影响初探［J］. 广西水利水电，2008，（3）：34－37.

［151］ 包为民. 水文预报：第3版［M］. 北京：中国水利水电出版社，2006.